就是要轻松：看图学电工识图
（双色版）

杨清德　吴秀娟　主编

机械工业出版社

本书根据国家职业标准，结合企业中级维修电工的实际工作需要，详细介绍了电工识图及绘图基础知识、电气照明施工识图、工厂供配电电气识图、电动机控制电气图识读、常用机床控制电气图识读和小区安防系统电气图识读等内容，采用图、表、文穿插叙述的形式，让读者喜欢看、看得懂，边学边用，在轻松愉悦中快速掌握电气识图的方法及技巧。

本书内容丰富，简明扼要，通俗易懂，可供电工人员、电气工程技术人员、电工爱好者阅读，也可作为职业院校电类专业学生的参考教材。

图书在版编目（CIP）数据

看图学电工识图/杨清德，吴秀娟主编. —北京：机械工业出版社，2014.9

（就是要轻松：双色版）

ISBN 978-7-111-47948-2

Ⅰ.①看…　Ⅱ.①杨…②吴…　Ⅲ.①电路图－识别－图解　Ⅳ.①TM13－64

中国版本图书馆 CIP 数据核字（2014）第 210685 号

机械工业出版社（北京市百万庄大街 22 号　邮政编码 100037）
策划编辑：付承桂　责任编辑：张沪光
版式设计：霍永明　责任校对：张 薇
封面设计：路恩中　责任印制：乔 宇
保定市中画美凯印刷有限公司印刷
2014 年 11 月第 1 版第 1 次印刷
184mm×260mm·12.75 印张·283 千字
0001—4000 册
标准书号：ISBN 978-7-111-47948-2
定价：39.90 元

凡购本书，如有缺页、倒页、脱页，由本社发行部调换
电话服务　　　　　　　　　　网络服务
社服务中心：(010)88361066　教材网:http://www.cmpedu.com
销售一部：(010)68326294　机工官网:http://www.cmpbook.com
销售二部：(010)88379649　机工官博:http://weibo.com/cmp1952
读者购书热线：(010)88379203　封面无防伪标均为盗版

前言 Preface

随着社会的不断发展进步，越来越多的职场人已经意识到，社会对人才的评定标准和企业的用人观念正在发生颠覆性变化，从近年来技工类人才薪资不断攀高的现象就不难看出，"崇尚一技之长、不唯学历凭能力"的社会氛围正在逐步形成。许多人都想要成功，却不知道成功的道路永远只有一条，那就是不断地学习。无论是正在准备求职的你，还是已经找到了工作的你，多挤出时间看书学习，不断地"充电"，事实证明，这是助你快速提升技术水平及工作能力最有效的途径之一。基于让初学者轻轻松松学电工技术的构想，我们编写了这套丛书，首次与读者见面的有《就是要轻松：看图学电工技术（双色版）》、《就是要轻松：看图学电工识图（双色版）》和《就是要轻松：看图学家装电工技能（双色版）》3 本书。

《就是要轻松：看图学电工技术（双色版）》——以初学者学习电工技术掌握的技能为线索，主要介绍常用电工工具及材料、常用电工仪表的使用、常用电工电子技术元器件的应用、电工基本操作技能、常用电气安装、电动机应用技术、PLC 及变频器的应用等内容，让读者的综合技能水平得到快速提高。

《就是要轻松：看图学电工识图（双色版）》——以初学者学习电工技术必须掌握的识图技能为线索，主要介绍电工识图及绘图基础知识、电气照明施工识图、工厂供配电电气识图、电动机控制电气图识读、常用机床控制电气图识读，以及小区安防监控电气图识读等内容，让读者看得懂，会应用。

《就是要轻松：看图学家装电工技能（双色版）》——以初学者学习家装电工必须掌握的知识及技能为线索，主要介绍家装电气基础、常用电工工具和仪表、住宅电气规划与设计、家装电气布线施工、配电与照明装置安装、家庭网络系统构建、家庭常用电器的安装等内容，带领读者亲临正规家装公司的施工现场去见习，快速掌握实际操作技能。

本书由杨清德和吴秀娟主编，第 1~4 章由吴秀娟编写，第 5 章和第 6 章由杨清德编写，另外，陈东、余明飞、冉洪俊、沈文琴、杨松、李建芬、任成明、先力、周万平、胡萍、乐发明、胡世胜、崔永文、赵顺洪也参加了本书的部分编写工作。

由于编者水平有限，加之时间仓促，书中难免有错误和不妥之处，敬请广大读者批评指正。

编　者

目录 Contents

V

第1章

电工识图与绘图基础

1.1 电气符号及应用

1.1.1 电气图形符号及应用

电气图形符号是表示设备或概念的图形、标记或字符等的总称。电气图形符号是构成电气图的最基本的符号。

由于电气图中涉及的符号很多，下面介绍一些常用电气符号，旨在引导读者入门，为看图学习奠定基础。

1. 照明开关的图形符号（见表 1-1）

表 1-1　照明开关在电气平面图上的图形符号

序　号	名　　称		图形符号	备　　注
1	开关，一般符号		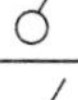 ⌐o	
2	带指示灯的开关		 ⌐⊗	
3	单极开关	明装	⌐o	除图上注明外，选用 250V、10A，面板底距地面为 1.3m
		暗装	 ⌐●	
		密闭（防水）	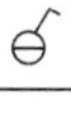 ⌐o	
		防爆	 ⌐◑	

（续）

序　号	名　称		图形符号	备　注
4	双极开关	明装		除图上注明外，选用250V、10A，面板底距地面为1.3m
		暗装		
		密闭（防水）		
		防爆		
5	三极开关	明装		
		暗装		
		密闭（防水）		
		防爆		
6	单极拉线开关			1）暗装时，圆内涂黑 2）除图上注明外，选用250V、10A，室内净高低于3m时，面板底距房顶为0.3m；高于3m时，距地面为3m
7	双极拉线开关（单极三线）			
8	单极限时开关			
9	双控开关（单极三线）			1）暗装时，圆内涂黑 2）除图上注明外，选用250V、10A，面板底距地面为1.3m
10	多拉开关（如用于不同照度）			
11	中间开关			中间开关等效电路图
12	调光器			
13	钥匙开关			
14	"请勿打扰"门铃开关			
15	风扇调速开关			1）暗装时，圆圈下半部分涂黑 2）除图上注明外，面板底距地面为1.3m
16	风机盘管控制开关			
17	按钮			
18	带有指示灯的按钮			
19	防止无意操作的按钮（例如防止打碎玻璃罩等）			
20	限时设备定时器			
21	定时开关			

2. 电源插座的图形符号（见表 1-2）

表 1-2　电源插座在电气平面图上的图形符号

序　号	名　称		图形符号	备　注
1	单相插座	明装		1）除图上注明外，选用 250V、10A 2）明装时，面板底距地面为 1.8m；暗装时，面板底距地面为 0.3m 3）除具有保护板的插座外，儿童活动场所的明暗装插座距地面均为 1.8m 4）插座在平面图上的画法为
		暗装		
		密闭（防水）		
		防爆		
2	带接地插孔的 单相插座	明装		
		暗装		
		密闭（防水）		
		防爆		
3	带接地插孔的 三相插座	明装		1）除图上注明外，选用 380V、15A 2）明装时，面板底距地面为 1.8m；暗装时，面板底距地面为 0.3m
		暗装		
		密闭（防水）		
		防爆		
4	带中性线和接地 插孔的三相插座	明装		
		暗装		
		密闭（防水）		
		防爆		
5	多个插座（示出三个）			1）除图上注明外，选用 250V、10A 2）明装时，面板底距地面为 1.8m；暗装时，面板底距地面为 0.3m 3）除具有保护板的插座外，儿童活动场所的明暗装插座距地面均为 1.8m
6	具有保护板的插座			
7	具有单极开关的插座			
8	具有联锁开关的插座			
9	具有隔离变压器的插座 （如电动剃须刀插座）			除图上注明外，选用 220/110V、20V·A，面板底距地面 1.8m 或距台面上为 0.3m
10	带熔断器的单相插座			1）除图上注明外，选用 250V、10A 2）明装时，面板底距地面为 1.8m；暗装时，面板底距地面为 0.3m

【重要提醒】

不同用途及规格的开关、插座的图形符号，有的**差异比较小**，识图时要注意**仔细分辨**清楚，否则在施工时容易张冠李戴，影响工程进度。

3. 电动机控制电路常用的图形符号（见表1-3）

表1-3　电动机控制电路常用的图形符号

名　称	图形符号	文字符号	名　　称	图形符号	文 字 符 号
动合触头		SQ	欠电压继电器线圈	$U<$	FV
动断触头		SQ	过电流继电器线圈	$I>$	FA
复合触头		SQ	断电延时线圈		SJ
起动按钮		SB	通电延时线圈		SJ
停止按钮		SB	三相笼型异步电动机	M 3~	M
复合按钮		SB	三相绕线转子异步电动机	M 3~	M
接触器线圈		KM	串励直流电动机	M	M

4. 常用低压电器的图形符号（见表1-4）

表1-4　常用低压电器的作用及图形符号

电器名称	电器的作用	实　物　图	图形符号	文字符号
刀开关	是手控电器中最简单而使用又较广泛的一种低压电器。刀开关在电路中的作用是：隔离电源，以确保电路和设备维修人员的安全；分断负载，如不频繁地接通和分断容量不大的低压电路或直接起动小容量电动机		单极　双极　三极	QS
封闭式开关熔断器组（负荷开关）	其用途为开合一定容量的用电负荷，并通过熔断器起到短路和过载保护作用。为了保证安全用电，其装有机械联锁装置，在箱盖打开时，手柄不能操作开关合闸			QS

（续）

电器名称	电器的作用	实物图	图形符号	文字符号
低压断路器	低压断路器从总体来说是用于低压动力电路分配电能和不频繁通、断电路的电流。一般断路器具有过电流保护和短路保护功能；增加欠电压线圈即可具有欠电压保护功能；增加漏电模块可具有漏电保护功能；一般不具备过电压保护功能，需要过电压保护时需另配过电压继电器		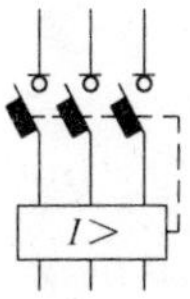	QF
组合开关	采用刀开关结构形式的称为刀形转换开关；采用叠装式触头元件组合成旋转操作的，称为组合开关。用于手动不频繁地接通、分断电路的电源；用于主电路时将一组已连接的器件转换到另一组已连接的器件；还可以控制小容量的异步电动机		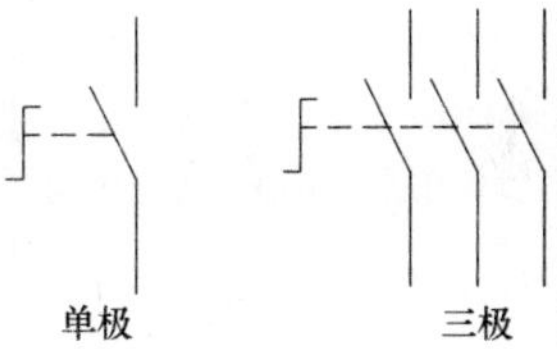 单极　　　三极	SA
按钮	在控制电路中用于短时间接通和断开小电流的控制电路		 动合按钮　动断按钮　复合按钮	SB
熔断器	串联于被保护电路中，当被保护电路的电流超过规定值，并经过一定时间后，由熔体自身产生的热量熔断熔体，使电路断开，从而起到保护的作用	 瓷插式　螺旋式　无填料管式　有填料管式		FU
接触器	接触器是一种自动化的控制电器，主要用于频繁接通或分断交、直流电路，具有控制容量大，可远距离操作；配合继电器可以实现定时操作，联锁控制，各种定量控制和失电压及欠电压保护，广泛应用于自动控制电路，其主要控制对象是电动机，也可用于控制其他电力负载，如电热器、照明、电焊机、电容器组等		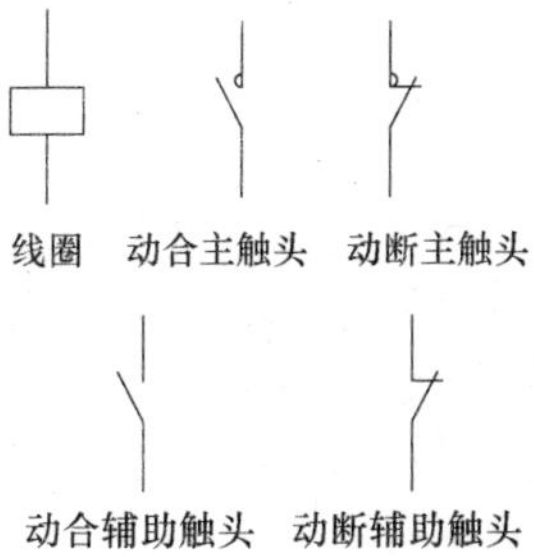 线圈　动合主触头　动断主触头 动合辅助触头　动断辅助触头	KM

5

（续）

电器名称	电器的作用	实 物 图	图 形 符 号	文 字 符 号
中间继电器	1）增加触头数量。这是最常见的用法 2）代替小型接触器。例如电动卷闸门和一些小家电的控制 3）增加触头容量。中间继电器的触头具有一定的带负载能力，同时其驱动电流又很小 4）转换触头类型。当接触器的动断触头已用完，可将一个中间继电器与原来的接触器线圈并联，以便于转换触头类型，达到所需要的控制目的 5）在控制电路中传递中间信号		 线圈　　动合触头　　动断触头	KA
电流继电器	根据输入电流大小变化控制输出触头动作，用于对电路中的电流故障判断		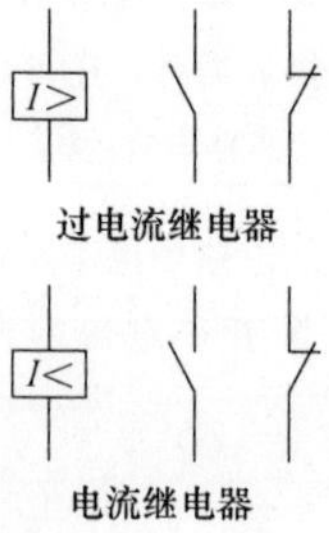 过电流继电器 电流继电器	KI
电压继电器	根据输入电压大小变化控制输出触头动作，在电路中起着自动调节、安全保护、转换电路等作用。主要用于发电机、变压器和输电线的继电保护装置中，作为过电压保护或低电压闭锁的起动元件		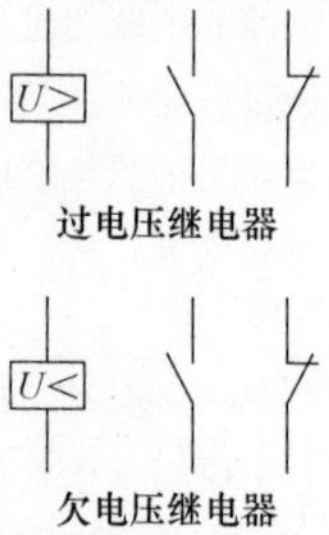 过电压继电器 欠电压继电器	KV
时间继电器	相当于一种计时仪器，在较低的电压或较小电流的电路上，按照设定的时间，用来接通或切断较高电压、较大电流的电路的电气元件		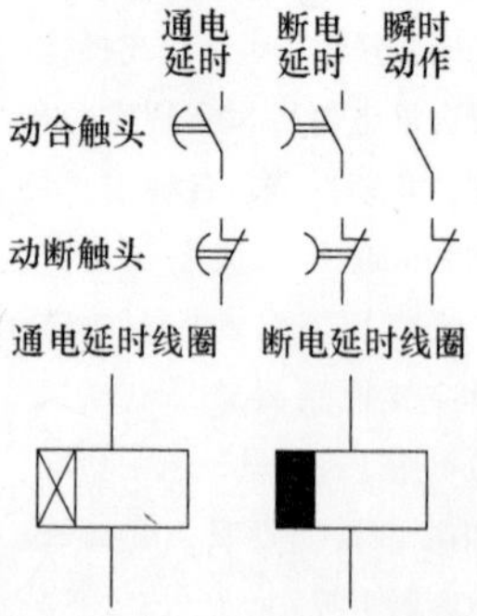 通电延时　断电延时　瞬时动作 动合触头 动断触头 通电延时线圈　　断电延时线圈	KT

6

（续）

电器名称	电器的作用	实 物 图	图 形 符 号	文字符号
热继电器	对连续运行的三相异步电动机进行过载保护，保护主电路电流不超过设定值，以防止电动机过热而烧毁。大部分热继电器除了具有过载保护功能以外，还具有断相保护、温度补偿、自动与手动复位等功能		热元件　动断触头	FR
速度继电器	与接触器配合，实现对电动机反接制动，或者能耗制动；用在不同的设备上还可以实现分相起动等		n　　n	KS
指示灯	用于电路工作状态的指示；也可用于电源接通、预警、故障及其他信号的指示		$\otimes$	HL

5. 图形符号表示的状态

1）均是在电气设备或电气元件无电压、无外力作用时所处的状态。

2）事故、备用、报警等开关表示在设备正常使用时的位置。如在特定的位置时，应在图上有说明。

3）机械操作开关或触头的工作状态与工作条件或工作位置有关，它们的对应关系应在图形符号附近加以说明。

6. 图形符号应用说明

1）有些器件的图形符号有几种形式，尽可能采用"优选形"。但在同一张电气图样中只能选择用一种图形形式。

2）图形符号的大小和图线的宽度并不影响符号的含义，因此可根据实际需要缩小和放大。

3）图形符号的方位不是强制的。根据图面布置的需要，可将图形符号按90°或45°的角度逆时针旋转或镜像放置，但文字和指示方向不能倒置，如图1-1所示。

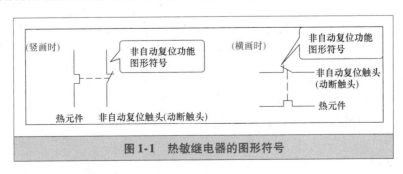

图1-1 热敏继电器的图形符号

在某些情况下，图形符号引线的位置影响到符号的含义，则引线位置就不能随意改变，否则会引起歧义。如电阻器符号的引线就不能随意改变。

4）图形符号中的文字符号、物理量符号，应视为图形符号的组成部分，如图1-2所示。

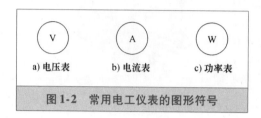

a) 电压表   b) 电流表   c) 功率表

图1-2 常用电工仪表的图形符号

【重要提醒】

电气设备用图形符号是完全区别于电气图用图形符号的另一类符号。主要适用于各种类型的电气设备或电气设备部件上，使得操作人员了解其用途和操作方法，也可用于安装或移动电气设备的场合，诸如禁止、警告、规定或限制等就注意的事项。

1.1.2 电气文字符号及应用

1. 基本文字符号

基本文字符号用来表示电气设备、装置和元件以及线路的基本名称、特性。分为单字母符号和双字母符号。在电路图中，常用基本文字符号见表1-5所示。

表1-5 常用基本文字符号举例

名　称	单字母符号	多字母符号	名　称	单字母符号	多字母符号
发电机	G		电流表	A	
励磁机	G	GE	电压表	V	
电动机	M		功率因数表		$\cos\varphi$
绕组	W		电磁铁	Y	YA
变压器	T		电磁阀	Y	YV
隔离变压器	T	TI（N）	牵引电磁铁	Y	YA（T）
电流互感器	T	TA	插头	X	XP
电压互感器	T	TV	插座	X	XS
电抗器	L		端子板	X	XT
开关	Q、S		信号灯	H	HL
断路器	Q	QF	指示灯	H	HL
隔离开关	Q	QS	照明灯	E	EL
接地开关	Q	QG	电铃	H	HL
行程开关	S	ST	蜂鸣器	H	HA
脚踏开关	S	SF	测试插孔	X	XJ

（续）

名　称	单字母符号	多字母符号	名　称	单字母符号	多字母符号
按钮	S	SB	蓄电池	G	GB
接触器	K	KM	合闸按钮	S	SB(L)
交流接触器	K	KM(A)	跳闸按钮	S	SB(I)
直流接触器	K	KM(D)	试验按钮	S	SB(E)
星-三角起动器	K	KS(D)	检查按钮	S	SB(D)
继电器	K		起动按钮	S	SB(T)
避雷器	F	FA	停止按钮	S	SB(P)
熔断器	F	FU	操作按钮	S	SB(O)

【重要提醒】

双字母符号是由一个表示种类的单字母符号与另一字母组成，其组合形式应以单字母符号在前、另一字母在后的次序列出。如"F"表示保护器件类，而"FU"表示熔断器，"FR"表示具有延时动作的限流保护器件等。

【指点迷津】

电气文字符号除有字母符号外，还有数字代码。电气设备中有熔断器、刀开关、接触器等，可用数字代表器件的种类，如"1"代表熔断器，"2"代表刀开关，"3"代表接触器等。

2. 辅助文字符号

辅助文字符号用来表示电气设备、装置和元器件及线路的功能、状态和特征，通常由英文单词的前一两个字母构成。如"SYN"表示同步，"L"表示限制，"RD"表示红色，"F"表示快速。

在电路图中，常用辅助文字符号见表1-6所示。

表1-6 常用辅助文字符号

名　称	单字母符号	多字母符号	名　称	单字母符号	多字母符号
交流		AC	控制	C	
直流		DC	制动	B	BRK
电流	A		闭锁		LA
电压	V		异步		ASY
接地	E		延时	D	
保护	P		同步		SYN
保护接地	PE		运转		RUN
中性线	N		时间	T	
模拟	A		高	H	

（续）

名　　称	单字母符号	多字母符号	名　　称	单字母符号	多字母符号
数字	D		中	M	
自动	A	AUT	低	L	
手动	M		升	U	
辅助		AUX	降	D	
停止		STP	备用		RES
断开		OFF	复位		R
闭合		ON	差动	D	
输入		IN	红		RD
输出		OUT	绿		GN
左	L		黄		YE
右	R		白		WH
正、向前		FW	蓝		BL
反	R		黑		BK

【指点迷津】

在电路图中，文字符号组合的一般形式为

基本文字符号 + 辅助文字辅助 + 数字序号

例如：KT_1 表示该电路中的第一个时间继电器；FU_2 表示该电路中的第二个熔断器。

3. 文字符号应用说明

1）在编制电气图及电气技术文件时，应优先选用基本文字符号、辅助文字符号以及它们的组合。而在基本文字符号中，应优选单字母符号。当单字母符号不能满足要求时，可采用双字母符号。基本文字符号不能超过 2 位字母，辅助文字符号不能超过 3 位字母。

2）辅助文字符号可单独使用，也可将首位字母放在表示项目种类的单字母符号后面，组成双字母符号。例如，"SP"表示压力传感器。

3）当基本文字符号和辅助文字符号不够用时，可按有关电气名词术语国家标准或专业标准中英文术语缩写进行补充。

4）文字符号可作为限定符号与其他图形符号组合使用，以派生出新的图形符号，如图 1-3 所示。

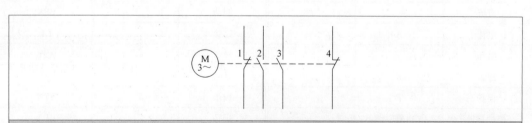

图 1-3　文字符号与图形符号组合使用

1—在起动位置闭合　2—在 $100 r/min < n < 200 r/min$ 时闭合　3—在 $n \geq 1400 r/min$ 时闭合　4—未使用的一组触头

5）一些具有特殊用途的接线端子、导线等，通常采用专用的文字符号进行标识。

【重要提醒】

常用特殊用途的文字符号见表1-7。

表1-7 常用特殊用途的文字符号

名　称	文字符号	名　称	文字符号
交流系统电源第一相	L_1	接地	E
交流系统电源第二相	L_2	保护接地	PE
交流系统电源第三相	L_3	不接地保护	PU
中性线	N	保护接地线和中性线共用	PEN
交流系统设备第一相	$U_1 - U_2$	无噪声接地	TE
交流系统设备第二相	$V_1 - V_2$	机壳或机架	MM
交流系统设备第三相	$W_1 - W_2$	等电位	CC
直流系统电源正极	L +	交流电	AC
直流系统电源负极	L −	直流电	DC
直流系统电源中间线	M		

1.2 认识与绘制常用电气图

1.2.1 电气图的种类

1. 什么是电气图

大家知道，电气控制系统是由许多电气元件按照一定要求连接而成的。为了表达生产机械电气控制系统的结构、原理等设计意图，同时也为了便于电气系统的安装、调整、使用和维修，需要将电气控制系统中各电气元件及其连接用一定图形表达出来，这种图就是电气图。

电气图是用电气图形符号、带注释的围框或简化外形来表示电气系统或设备中组成部分之间相互关系及其连接关系的一种图类。

2. 电气图的分类

按照国家标准（GB/T 6988）的规定，电气图分为以下15种，见表1-8。

表1-8 电气系统图的分类

序　号	名　称	定　义
1	概略图或框图	用符号或带注释的框，概略表示系统或分系统的基本组成、相互关系及其主要特征的一种简图
2	功能图	表示理论的或理想的电路而不涉及实现方法的一种简图。其用途是提供绘制电路图和其他有关简图的依据
3	逻辑图	主要用二进制逻辑单元图形符号绘制的一种简图。只表示功能而不涉及实现方法的逻辑图，称为纯逻辑图

（续）

序 号	名 称	定 义
4	功能表图	表示控制系统（如一个供电过程或一个生产过程的控制系统）的作用和状态的一种表图
5	电路原理图	用图形符号并按工作顺序排列，详细表示电路、设备或成套装置的全部基本组成和连接关系，而不考虑其实际位置的一种简图。目的是便于详细了解作用原理，分析和计算电路特性
6	等效电路图	表示理论的或理想的元件及其连接关系的一种功能图。供分析和计算电路特性和状态用
7	端子功能图	表示功能单元全部外接端子，并用功能图、表图或文字表示其内部功能的一种简图
8	程序图	详细表示程序单元和程序片及其互连关系的一种简图。其要素和模块的布置应能清楚地表示出其相互关系，目的是便于对程序运行的理解
9	设备元件表	把成套装置、设备和装置中各组成部分和相应数据列成的表格。其用途是表示各组成部分的名称、型号、规格和数量等
10	接线图或接线表	表示成套装置、设备或装置的连接关系，用以进行接线和检查的一种简图或表格
11	单元接线图或单元接线表	表示成套装置或设备中一个结构单元内的连接关系的一种接线图或接线表
12	互连接线图或互连接线表	表示成套装置或设备的不同单元之间连接关系的一种接线图或接线表
13	端子接线图或端子接线表	表示成套装置或设备的端子以及接在端子上的外部接线（必要时包括内部接线）的一种接线图或接线表
14	数据单	对特定项目给出详细信息的资料
15	位置简图或位置图	表示成套装置、设备或装置中各个项目的位置的一种简图或一种位置图

【重要提醒】

表1-8列出了这么多的电气图，初学者肯定会犯难的。其实，初学者只要能够看懂电路原理图、安装接线图等基本的电气图，完成一般的电工作业任务是不成问题的。待有了一定基础之后，边实践边学习，其他类型的电气图也慢慢会看懂的。

1.2.2 电气图的组成

电气图主要由电路（包括元件符号、连线、接点等）、技术说明和标题栏等组成

1. 电路

我们把由金属导线和电气部件组成的导电回路，称其为电路。最简单的电路由电源、开关、连接导线和负载等组成。电工常见的电路有家庭照明电路、电力控制电路和电子电

路。这里主要介绍家庭电路和电力控制电路。

（1）家庭电路的组成

家庭照明电路主要由低压供电线路、电能表、总开关、熔断器、开关、用电器、插座等组成，如图 1-4a 所示为家庭照明电路的组成，如图 1-4b 所示为家庭配电电路。

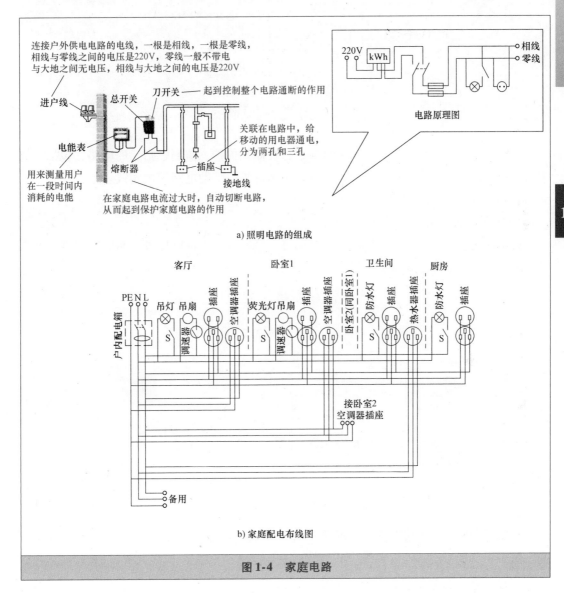

图 1-4　家庭电路

（2）电力控制电路

电力控制电路主要由主电路和辅助电路两大部分组成，如图 1-5 所示。

主电路也称一次回路，是电源向负载输送电能的电路，包括电源设备、控制电路和负载等（如电动机、电弧炉等，它是受辅助电路控制的电路）。在电路图中主电路有时用粗实线表示，一般位于辅助电路的左侧或上部。

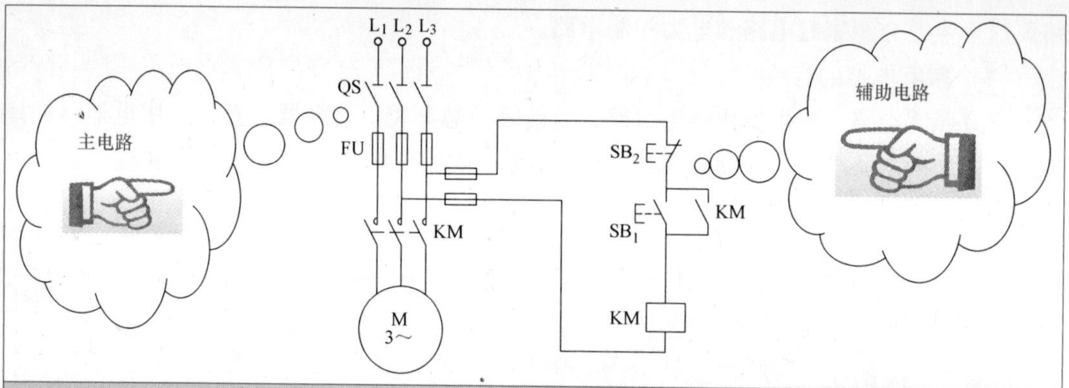

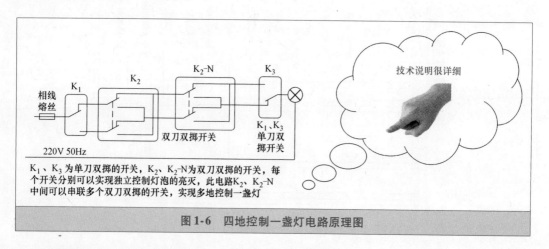

图1-5　电力控制电路的组成

辅助电路也称二次回路，. 是对主电路进行控制、保护、监测、指示的电路，包括可为主电路发出动作指令信号控制电器、仪表、指示灯等。辅助电路用细实线表示，位于主电路的右侧或者下部。

2. 技术说明

技术说明主要用来说明元件的型号、名称、规格等，也可以用来注明电路的某些要点及安装要求等，如图1-6所示。

图1-6　四地控制一盏灯电路原理图

在电气图中，技术说明的文字通常写在电路图的右上方；如果需要说明的内容比较多，也可以单独用附页加以说明。

【重要提醒】

为便于安装，在比较复杂的电路图中一般还有元器件明细表，它用于列出电路中元器件的名称、符号、规格和数量。元器件明细表一般位于标题栏的上方，表中的序号按照自下而上的顺序编排。

3. 标题栏

标题栏又名图标，是用来以确定图样的名称、图号、张次更改和有关人员签署等内容的栏目。

标题栏的格式，我国还没有统一的规定，各设计单位的标题栏格式不一定相同。标题栏应具有以下内容：设计单位、工程名称、项目名称、图名、图别、图号、日期等。

标题栏的位置一般位于图样的右下角，且紧靠图框线（见图 1-7 和图 1-8）。看图方向一般应与标题栏的方向一致。

【重要提醒】

标题栏是电气图的重要组成部分，栏目中的签名者要对图中的技术内容各负其责。

1.2.3　电气图的有关规定

1. 图面格式和幅面尺寸

图面通常由纸边界线、图框线、标题栏、会签栏组成，格式如图 1-7 和图 1-8 所示。由边框线所围成的图面，称为图纸的幅面。幅面的尺寸共分五类：A0 ~ A4。其中，A0、A1、A2 号图纸一般不得加长，A3、A4 号图纸可根据需要加长。幅面代号及尺寸见表 1-9。

表 1-9　幅面代号及尺寸　　　　　　　　　　　　　　　　（单位：mm）

幅 面 代 号	A0	A1	A2	A3	A4
宽×长（$B \times L$）	841×1189	594×841	420×594	297×420	210×297
留装订边边宽 c	10			5	
不留装订边边宽 e	20			10	
装订侧边宽 a	25				

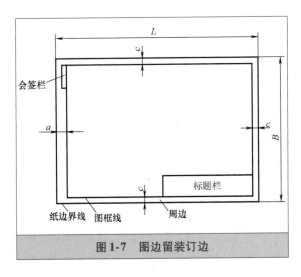

图 1-7　图边留装订边

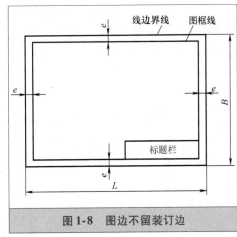

图 1-8　图边不留装订边

2. 比例、方位标志

电气施工图常用的比例有 1:200、1:150、1:100、1:50。大样图的比例可以用 1:20、1:10 或 1:5。图样一般是按"上北下南，左西右东"的方向来绘制，在很多情况下，图样上用方位标记（指北针方向）来表示其朝向，如图1-9所示，箭头方向表示正北方向。

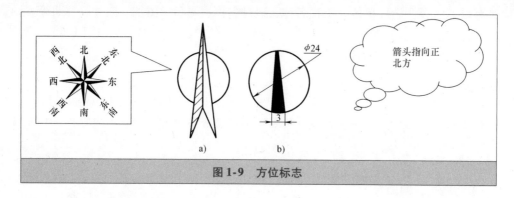

图1-9　方位标志

3. 尺寸标注

工程图样上标注的尺寸通常采用 mm 为单位，只有总平面图或特大设备的图样用 m 为单位。所以，凡尺寸单位是 mm 时不必注明。在同一图样中，每一种尺寸一般只标注一次。

4. 标高

标高分为绝对标高和相对标高。建筑图样中的标高通常是相对标高，符号用直角等腰三角形表示"▽"，下横线为某点高度界线，符号上面注明标高。一般将 ±0.00 设定在建筑物首层室内地平面，往上为正值（可以不写"＋"号，例如：▼），往下为负值（必须注明"－"号）。电气图样中设备的安装标高，通常以各层地面为基准。

5. 图例

为了简化作图，国家有关标准和一些设计单位有针对性地将常见的材料构件、施工方法等规定了一些固定的画法式样，有的还附有文字符号标注。要看懂电气安装施工图，就要明白图上这　些符号的含义。如果电气图样中的图例是由国家统一规定的则称为国标符号，而由有关部委颁布的电气符号称为部标符号。

电气符号的种类很多，国际上通用的图形符号标准是 IEC（国际电工委员会）标准。新的国家标准图形符号（GB）和 IEC 标准是一致的，国标序号为 GB/T 4728。这些通用的电气符号在施工图册内都有，但如果电气设计图样里采用了非标准符号，则要列出图例表，如图1-10所示。

6. 定位轴线

在建筑平面图上，一般都标有定位轴线，以作为定位、放线的依据，便于识别设备安装的位置。

凡由建筑物的承重墙、柱、主梁及房架等主要承重构件的位置所画的轴线，称为定位轴线。定位轴线编号的基本原则是，在水平方向，从左到右用阿拉伯数字表示；在垂直方向，采用大写英文字母（其中 I、O、Z 不用）自下而上标注，如图1-11所示。

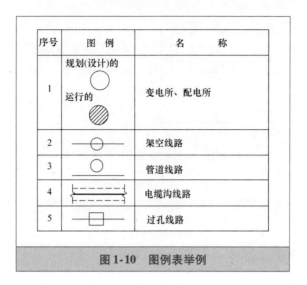

图 1-10　图例表举例

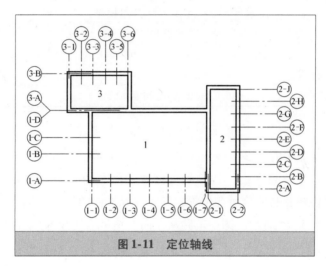

图 1-11　定位轴线

【重要提醒】

　　轴线间距由建筑结构尺寸确定。电气平面图中，为了突出电气线路，通常只在外墙外侧画出横竖轴线，建筑平面内轴线不一定画。

　　7. 幅面分区

　　为了快速查找图上各部分的内容及项目的位置，可以在图样上分区。其方法是将图样相互垂直的两边各自加以等分，分区的数目取决于图的复杂程度，但必须取偶数，每一分区长度为 25~75mm。然后从图的左上角开始，在图横向的周边用数字编号，竖向用英文字母编号，如图 1-12 所示。图幅分区后，相当于建立了一个坐标。图中某个位置的代号用该区域的字母和数字组合起来表示，且字母在前，数字在后，如 C2 区、B5 区等。这样，在识读电路图时，用分区即可确定、查找电气元器件，为分析电路工作原理带来了极大的方便。图中的分区位置及标注方法见表 1-10。

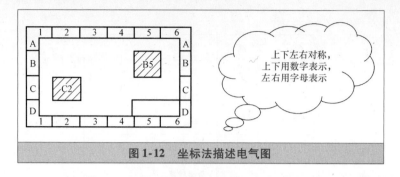

图 1-12　坐标法描述电气图

表 1-10　分区位置及标注方法

符号或元器件的图中位置		标　　记
有关联的符号在同一张图内	本图中的 B 行	B
	本图中的 5 列	5
	本图中的 B 行 5 列（B5 区）	B5
有关联的符号不在同一张图内	具有相同图号的第 2 张图中的 B5 区	2/B5
	图号为 1125 单张图中的 B5 区	图 1125/B5
	图号为 1125 的第 2 张图中的 B5 区	图 1125/2/B5
按项目代号确定位置的方式（例如所指项目为 = P1 系统）	= P1 系统单张图中的 B3 区	= P1/B3
	= P1 系统的第 2 张图中的 B3 区	= P1/2/B3

8. 电路编号

电路编号就是对图中的电器或分支电路用数字按序编号。若是水平布图，数字编号按自上而下的顺序；若是垂直布图，数字编号按自左而右的顺序，数字分别写在各支路下端，若要表示元器件相关联部分所在位置，只需在元器件的符号旁标注相关联部分所处支路的编号即可，如图 1-13 所示，图中电路从左向右编号。线圈 K_1 下标注"5"，说明受线圈 K_1 驱动的触头在 5 号支路上；而在 5 号支路上，触头 K_1 下标注"4"，说明驱动该触头的线圈在 4 号支路上，其余可依此类推。

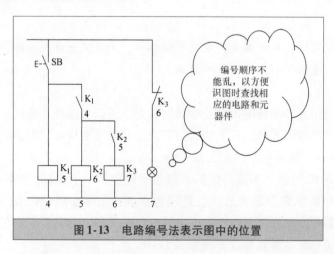

图 1-13　电路编号法表示图中的位置

9. 索引号

索引号是便于看图时查找相互有关的图样。索引号反映基本图样与详图、详图与详图之间以及有关工种图样之间的关系。索引号的注写方法，如图 1-14 所示。

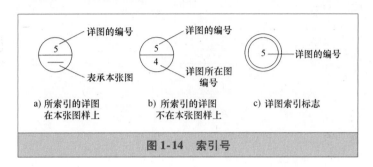

图 1-14　索引号

【知识窗】

电路图中导线的表示法

如图 1-15a 所示是导线的一般表示方法，用于表示一根导线、导线组、电线、电缆、传输电路、母线、总线等。根据具体情况，导线可予以适当加粗、延长或者缩短。

4 根以下的导线用短斜线数目代表根数，如图 1-15b 所示；数量较多时，可用一小斜线标注数字来表示，如图 1-15c 所示。

导线的特征（如导线的材料、截面、电压、频率等），可在导线上方、下方或中断处采用符号标注。如图 1-15d、e 所示。

如果需要表示电路相序的变更、极性的反向、导线的交换等，可采用图 1-15f 所示的方法标注，表示图中 L_1 和 L_3 两相需要换位。

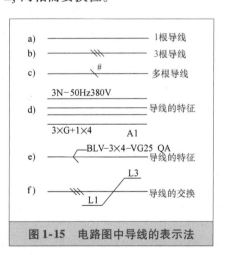

图 1-15　电路图中导线的表示法

1.2.4　电气图的绘制

1. 电路原理图的绘制

电路原理图可水平布置，也可垂直布置，如图 1-16 所示。

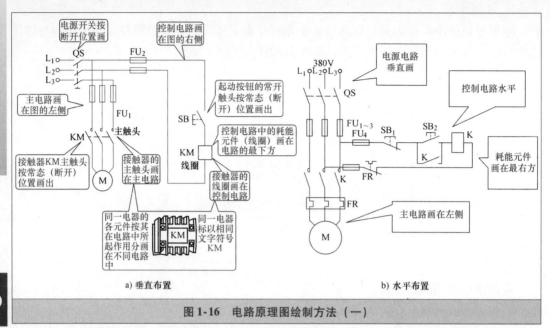

图 1-16　电路原理图绘制方法（一）

1）垂直布置时，电源电路水平画，其他电路垂直画，控制电路中的耗能元件要画在电路的最下方。电源电路画成水平线，三相交流电源相序 L_1、L_2、L_3 由上而下排列，中线 N 和保护地线 PE 画在相线之下。直流电源则正端在上，负端在下画出。

2）水平布置时，电源电路垂直画，其他电路水平画，控制电路中的耗能元件（如接触器和断电器的线圈、信号灯、照明灯等）要画在电路的最右方。

【重要提醒】

1）画原理图时，主电路要画在原理图左侧；控制电路、信号电路、照明电路要依次垂直画在原理图的右侧。

2）主电路是指受电的动力装置及保护电器，它通过的是电动机的工作电流，电流较大，主电路要画在原理图的左侧。

3）控制电路是指控制主电路工作状态的电路；信号电路是指显示主电路工作状态的电路；照明电路是指实现电气设备局部照明的电路。

4）图中有直接电联系的交叉导线的连接点（即导线交叉处）要用黑圆点表示。无直接电联系的交叉导线，交叉处不能画黑圆点。

【知识窗】

原理图中元器件的绘制

1）各元器件中的触头位置都按电路未通电或元器件未受外力作用时的常态位置画出。

2）各电气元件不用画实际的外形图，而是采用国家规定的统一国标符号画出，如图 1-17a 所示。

3）同一元器件中的各元件不按它们的实际位置画在一起，而是按其在线路中所起作用分开画在不同电路中，但它们的动作却是相互关联的，因此必须标以相同的文字符号，如图 1-17b 所示。

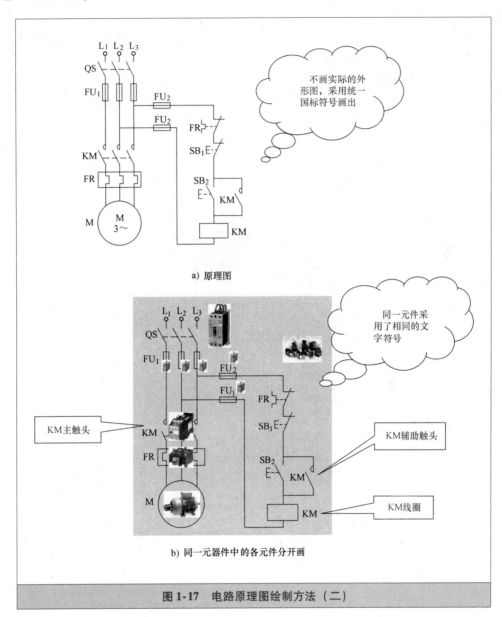

a）原理图

b）同一元器件中的各元件分开画

图 1-17　电路原理图绘制方法（二）

2. 电气元件布置图的绘制

电气元件布置图主要用来表明机械设备上所有电气设备和电气元件的实际位置，是电气控制设备制造、安装和维修必不可少的技术文件。

电气元件布置图可根据电气设备的复杂程度集中绘制或分别绘制。图中不需标注尺寸，但是各元器件代号应与有关图样和元器件清单上所有的元器件代号相同，在图中往往留有 10% 以上的备用面积及导线管（槽）的位置，以供改进设计时用。

下面介绍绘制电气元件布置图的方法：

1）电器设备的轮廓线用细实线或点画线表示，电气元件均用实线绘制出简单的外形轮廓。

2）电动机要和被拖动的机械装置画在一起；行程开关应画在获取信息的地方；操作手柄应画在便于操作的地方。

3）各电气元件之间，上、下、左、右应保持一定的间距，并且应考虑元器件的发热和散热因素，应便于布线、接线和检修。

如图 1-18 所示是根据上述方法绘制的某设备的电路元器件布置图。

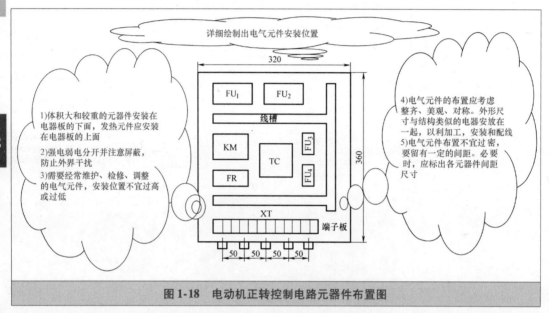

图 1-18　电动机正转控制电路元器件布置图

3. 电气安装接线图的绘制

电气安装接线图主要用于电气设备的安装配线、线路检查、线路维修和故障处理。在图中要表示出各电气设备、电气元件之间的实际接线情况，并标注出外部接线所需的数据。在电气安装接线图中各电气元件的文字符号、元件连接顺序、线路号码编制都必须与电气原理图一致。

电气安装接线图的绘制方法如下：

1）各电气元件均按其在安装底板中的实际位置绘出。元器件所占图面按实际尺寸以统一比例绘制。

2）一个元器件的所有部件绘在一起，并用点画线框起来，有时将多个电气元件用点画线框起来，表示它们是安装在同一安装底板上的。

3）安装底板内外的电气元件之间的连线通过接线端子板进行连接，安装底板上有几条接至外电路的引线，端子板上就应绘出几个线的接头。

4）走向相同的相邻导线可以绘成一股线。

如图 1-19a 所示为某机床电气控制原理图，如图 1-19b 所示为根据上述方法绘制的安装实物接线图。

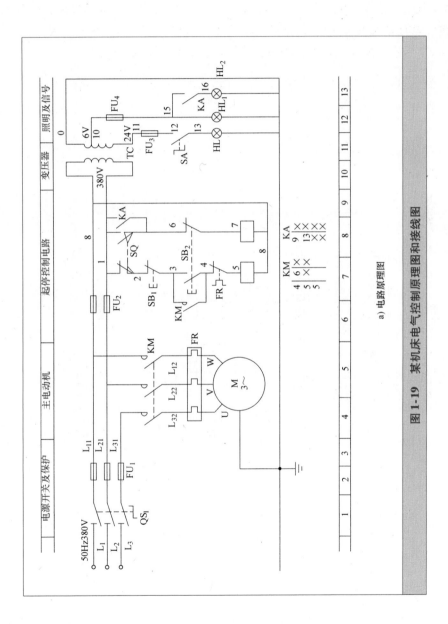

图 1-19　某机床电气控制原理图和接线图

a) 电路原理图

24

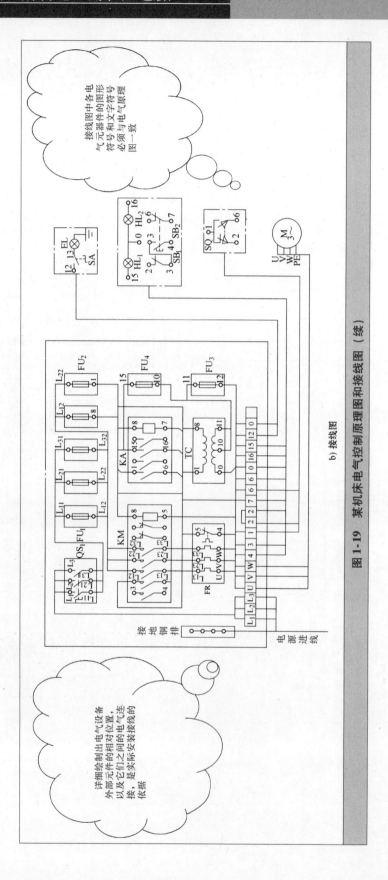

图1-19 某机床电气控制原理图和接线图（续）

b) 接线图

【重要提醒】

　　有的时候，为了安装与维修方便，还可以绘制电气安装实物接线图，其好处是看图直观，不需要去分析元器件的内部结构，可节省时间。图 1-20 所示为电动机正反转控制电路实物接线图。

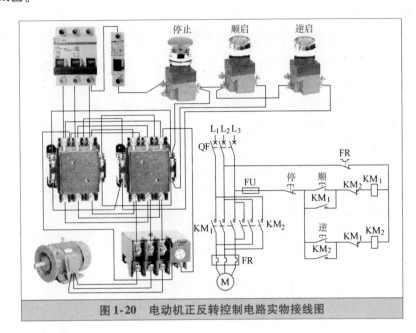

图 1-20　电动机正反转控制电路实物接线图

1.3　识图步骤及方法

1.3.1　电气识图的一般步骤

1. 电气识图基本步骤

　　尽管电气项目的类别、规模大小、应用范围等不同，电气图的种类和数量相差也很大，但识读比较复杂电气设备的电气图的步骤是大致相同的。

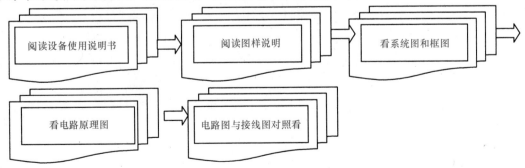

（1）阅读设备使用说明书

阅读电气设备使用说明书，其目的是了解电气设备总体概况及设计依据，了解图样中未能表达清楚的各有关事项。

同时，了解电气设备的机械结构、电气传动方式、对电气控制的要求、设备和元器件的布置情况，以及电气设备的使用操作方法、各种开关、按钮等的作用。

（2）阅读图样说明

拿到图样后，首先要仔细阅读图样的标题栏和有关技术说明，搞清楚电气图设计的内容和要求，就能了解图样的大体情况，抓住看图的要点。

（3）看系统图和框图

看系统图和框图，可以初步了解电气系统或分系统的基本组成、相互关系及主要特征，为下一步阅读电路原理图奠定基础。

（4）看电路原理图

看电路原理图时，先要了解电路图中各组成部分的作用，分清主电路和辅助电路、交流回路和直流回路；再按照先看主电路，后看辅助电路的顺序进行识读图。

（5）电路图与接线图对照看

接线图是以电路为依据的，因此要对照电路图来看接线图。看接线图时要根据端子标志、回路标号从电源端依次查下去，搞清线路走向和电路的连接方法，搞清每个回路是怎样通过各个元器件构成闭合回路的。

【重要提醒】

阅读图样的顺序没有统一的规定，可以根据需要和自己的识图能力及工作需要灵活掌握，并应有所侧重。有时，一幅图样需反复阅读多遍。即实际读图时，要根据电气图的种类对步骤作相应调整。

2. 看电路原理图的步骤

电路原理图主要由主电路和控制电路两大部分组成。

1）看主电路时，从下往上看。即从用电设备开始，经控制元件，依次往电源看。其步骤如下：

① 看主电路的选用电器类型；

② 看电器是用什么样的控制元件控制，是用几个控制元件控制；

③ 查看主电路中除用电器以外的其他元器件，以及这些元器件所起的作用；

④ 查看电源。电源的种类和电压等级。

2）看控制电路时，从上往下　从左往右地看。要搞清控制电路的回路构成、各元器件之间的相互联系和控制关系及其动作情况等。同时还要了解控制电路与主电路之间的相互关系，进而搞清整个电路的工作原理。其步骤如下：

① 看辅助电路的电源（交流电源、直流电源）；

② 弄清辅助电路的每个控制元件的作用；

③ 研究辅助电路中各控制元件的作用之间的制约关系。

【重要提醒】

　　看控制电路时，最好是按照每条支路串联控制元件的相互制约关系去分析，然后再看该支路控制元件动作对其他支路中的控制元件有什么影响。采取逐渐推进法进行分析。控制电路比较复杂时，最好是将控制电路分为若干个单元电路，然后将各个单元电路分开分析，以便抓住核心环节，使复杂问题简化。

3. 看接线图的步骤

　　识读接线图的一般步骤如下：

　　1）分析清楚电气原理图中主电路和辅助电路所含有的元器件，弄清楚每个元器件的动作原理；

　　2）弄清楚电气原理图和电气接线图中元器件的对应关系；

　　3）弄清楚电气接线图中接线导线的根数和所用导线的具体规格；

　　4）根据电气接线图中的线号，研究主电路的线路走向；

　　5）根据电气接线图中的线号，研究辅助电路的走向。

【重要提醒】

　　看接线图时，先看主电路，后看控制电路。看主电路是从电源引入端开始，顺序经开关设备、线路到负载（用电设备）。看控制电路时，一般顺序是自上而下，从左向右。即从电源的一端到电源的另一端，按元器件连接顺序对每一个回路进行分析。

1.3.2　电气图识读方法

1. 先读机，后读电
先读机，就是应该先了解生产机械的基本结构、运行情况、工艺要求和操作方法，以便对生产机械的结构及其运行情况有总体了解。
先读电，就是在了解机械的基础上进而明确对电力拖动的控制要求，为分析电路做好前期准备

2. 先读主，后读辅
先读主，就是先从主回路开始读图。首先，要看清楚电气设备由几台电动机拖动，各台电动机的作用，结合加工工艺与主电路，分析电动机是否有减压起动，有无正反转控制，采用何种制动方式。其次，要弄清楚用电设备是由什么电气元件控制的，有的用刀开关或组合开关手动控制，有的用按钮加接触器或继电器自动控制

电气图识读法

3. 化整为零、集零为整
先经过"化整为零"，逐步分析每一局部电路的工作原理以及各部分之间的控制关系后。再用"集零为整"的方法检查整个控制线路，以免遗漏。特别要从整体角度去进一步检查和理解各控制环节之间的联系

1.3.3　电气识图注意事项

电气识图禁忌：

1. 一忌无头绪，杂乱无章

电气读图时，应该是一张一张地阅读电气图样，每张图全部读完后再读下一张图。如读该图中间遇有与另外图有关联或标注说明时，应找出另一张图，但只读关联部位了解连接方式即可，然后返回来再继续读完原图。读每张图样时则应一个回路、一个回路地读。一个回路分析清楚后，再分析下个回路。这样才不会乱，才不会毫无头绪、杂乱无章。

2. 二忌烦躁，急于求成

电气读图时，应该心平气和地读。尤其是负责电气维修的人员，更应该在平时设备无故障时就心平气和地读懂设备的原理，分析其可能出现的故障原因和现象，做到心中有数。否则，一旦出现故障，心情烦躁、急于求成，一会儿查这条线路，一会儿查那个回路，没有明确的目标。这样不但不能快速查找出故障的原因，也很难真正解决问题。

3. 三忌粗糙，不求甚解

电气读图时，应该是仔细阅读图样中表示的各个细节，切忌不求甚解。注意细节上的不同才能真正掌握设备的性能和原理，才能避免一时的疏忽造成的不良后果甚至是事故。

4. 四忌不懂装懂，想当然

电气读图时，遇到不懂的地方应该查找有关资料或请教有经验的人，以免造成不良的影响和后果。应该清楚，每个人的成长过程都是从不懂到懂的过程，不懂并不可怕，可怕的是不懂装懂、想当然，从而造成严重后果。

5. 五忌心中无数

电气读图时一定要做到心中有数。尤其是比较大或复杂的系统，常常很难同时分析各个回路的动作情况和工作状态，适当进行记录，有助于避免读图时的疏漏。

【重要提醒】

对于复杂的电气系统，读图应该分三个阶段：首先是粗读，然后是细读，最后是精读。粗读可比细读"粗"点。这里的"粗"不是"粗糙"的意思，而是相对不侧重在细节上。而精读则是选择重点的或重要的关键内容进行的进一步阅读，是为了保证万无一失而进行的精读。

第 **2** 章

电气照明施工识图

2.1 电气照明施工图基础

2.1.1 电气照明施工图简介

1. 电气照明施工图的作用

电气照明施工图用来说明电气工程的构成和功能，描述电气工程的工作原理，提供安装技术数据和使用维护的依据。

2. 电气照明图的组成

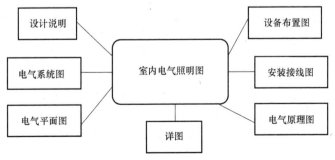

【重要提醒】

电气照明图识读程序

先看图样目录，再看施工说明，

了解图例符号，分析电气原理，

系统结合平面，接线结合布置。

3. 电气照明图样的特点

各种装置或设备中的元器件都不按比例绘制它们的外形尺寸，而是用图形符号表示，同时用文字符号、安装代号来说明电气装置和线路的安装位置、相互关系和敷设方法。

2.1.2 照明配电线路表示法

1. 线路配线方式

线路配线方式又称为导线敷设方式。不同配线方式的其差异主要是由于导线在建筑物上的固定方法不同，所使用的材料、器件及导线种类也随之不同。

室内导线的敷设方式主要有明敷设和暗敷设两种，见表 2-1。暗敷设是目前室内导线敷设的主要方式。

表 2-1　室内导线主要敷设方式

敷设方式	定　义	适用场所	施工时段	图　示
明敷设	指线路敷设在建筑物表面可以看得见的部位	一般用于简易建筑或新增加的线路	在建筑物全部完工以后进行	
暗敷设	是指导线敷设，是指导线敷设在建筑物内的管道中	一般用于精装修的居室及类似场所	与建筑结构施工同步进行	

根据导线固定材料的不同，导线的几种敷设方法及代号如下：

照明线路配线方式
- 夹板配线
  - 塑料夹 VJ/PCL
  - 瓷夹 CJ/PL
- 槽板配线
  - 金属线槽配线 GC/MR
  - 塑料线槽配线 VC/PR
- 线管配线
  - 钢管配线　DG/SC(G)
  - 硬塑料管配线 VG/PC
  - 软管 RG
- 绝缘子（瓷瓶）配线 CP/K
- 钢索配线 S/M
- 电缆桥架配线 QJ/CT

注：斜线后为英文字母代码

2. 线路敷设部位及代号

导线在建筑结构上敷设位置通常有沿墙、沿柱、沿梁、沿顶棚和沿地面敷设。线路敷设部位及代号表示法见表 2-2。

表 2-2　照明线路敷设部位及代号表示法

部　位	代　号	部　位	代　号
地面（板）	D	柱	Z
墙	Q	梁	L
顶棚	P		

3. 导线的类型及代号

室内线路敷设所使用的导线的类型及代号见表 2-3。

表 2-3　导线的类型及代号

项　目	导线类型	代　号	项　目	导线类型	代　号
线芯材料	铜芯导线（一般不标注）	T	内护套	聚氯乙烯套	V
	铝芯导线	L		聚乙烯套	Y
绝缘种类	聚氯乙烯绝缘	V	其他特征	绝缘导线、平行	B
	氯丁橡胶绝缘	XF		软线	R
	橡胶绝缘	X		双绞线	S
	聚乙烯绝缘	Y			

4. 常用导线的型号代号

室内配电线路均采用绝缘导线。常见导线型号及代号见表 2-4。

表 2-4　常见导线型号及代号

型　号	名　称	图　示
BXF（BLXF）	氯丁橡胶绝缘铜（铝）芯线	
BX（BLX）	橡胶绝缘铜（铝）芯线	
BXR	铜芯橡胶软线	
BV（BLV）	聚氯乙烯绝缘铜（铝）芯线	
BVR	聚氯乙烯绝缘铜（铝）芯软线	

（续）

型　号	名　称	图　示
BVV（BLVV）	铜（铝）芯聚氯乙烯绝缘护套线	
RVB	铜芯聚氯乙烯绝缘平行软线	
RVS	铜芯聚氯乙烯绝缘绞型软线	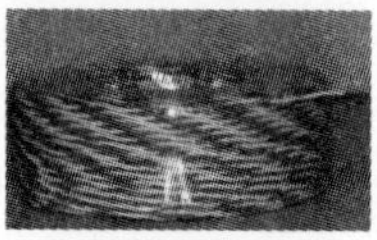
RV	铜芯聚氯乙烯绝缘软线	
RX、RXS	铜芯、橡胶棉纱编织软线	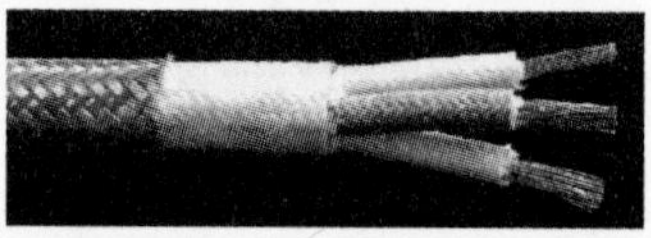

5. 配电线路的标注格式

线路标注的一般格式为

$$a - d(e \times f) - g - h$$

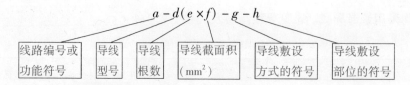

| 线路编号或
功能符号 | 导线
型号 | 导线
根数 | 导线截面积
（mm²） | 导线敷设
方式的符号 | 导线敷设
部位的符号 |

例如：N1-BV-2×2.5+PE2.5-DG20-QA

式中　N1——表示导线的回路编号；

　　　BV——表示导线为聚氯乙烯绝缘铜芯线；

　　　2——表示导线的根数为2（照明线路导线根数在平面图中的表示法如图2-1所示）；

　　　2.5——表示导线的截面积为2.5mm²；

　　　PE2.5——表示1根接零保护线，截面为2.5mm²；

　　　DG20——表示穿管直径为20mm的钢管；

　　　QA——表示线路沿墙敷设、暗埋。

2.1.3　照明灯具与开关的表示法

1. 照明灯具的图形符号

灯具在照明平面图中采用图形符号表示。在图形符号旁标注文字，说明灯具的名称和功能。

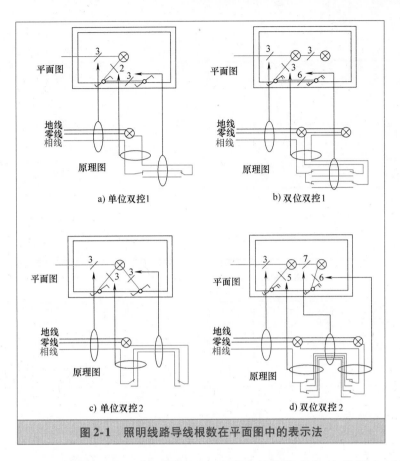

图2-1 照明线路导线根数在平面图中的表示法

表2-5列出了常用照明灯具的图形符号。照明灯具的各种标注符号主要用在平面图上，有时也用在系统图上。在电气平面图上，还要标出配电箱。

表2-5 常用照明灯具的图形符号

序 号	名 称	图形符号	序 号	名 称	图形符号
1	灯具一般符号	⊗	9	花灯	⊗
2	深照型灯	⊘	10	弯灯	◉
3	广照型灯（配照型灯）	⊖	11	壁灯	◗
4	防水防尘灯	⊗	12	投光灯一般符号	⊗→
5	安全灯	⊖	13	聚光灯	⊗→
6	隔爆灯	◉	14	泛光灯	⊗↗
7	顶棚灯	◗	15	荧光灯具一般符号	⊢─
8	球形灯	●	16	三管荧光灯	⊟

2. 照明灯具的类型及代号（见表 2-6）。

表 2-6　灯具的类型及代号

灯具类型	拼音代号	灯具类型	拼音代号
普通吊灯	P	壁灯	B
花灯	H	吸顶灯	D
柱灯	Z	卤钨探照灯	L
投光灯	T	防水、防尘灯	F
工厂灯	G	陶瓷伞罩灯	S

3. 照明光源的类型及代号（见表 2-7）

表 2-7　照明光源的类型及代号

光源类型	拼音代号	英文代号	光源类型	拼音代号	英文代号
白炽灯	B	IN	氖灯		Ne
荧光灯	Y	FL	电弧灯		ARC
卤（碘）钨灯	L	IN	红外线灯		IR
汞灯	G	Hg	紫外线灯		UV
钠灯	N	Na	LED 灯		LED

4. 灯具的标注法

在电气工程图中，照明灯具标注的一般方法为

$$a - b\frac{c \times d \times L}{e}f$$

式中　a——灯具数；

　　　b——型号或编号；

　　　c——每盏灯的灯泡数或灯管数；

　　　d——灯泡功率（W）；

　　　L——光源种类（可省略不写）；

　　　e——安装高度（m）；

　　　f——安装方式。

　　例如：$4\text{-}Y\text{-}2\dfrac{2 \times 40}{2.5}L$

式中　4——灯具数量为 4 个；

　　　Y——灯具型号为荧光灯；

　　　2——每盏灯具内的灯管数量为 2；

　　　40——每个灯管的功率 40W；

　　　2.5——灯具安装高度 2.5m；

　　　L——吊链安装方式。

5. 照明灯具安装方式及代号（见表 2-8）

表 2-8　照明灯具安装方式及代号

灯具安装方式	拼音代号	英文代号	灯具安装方式	拼音代号	英文代号
线吊式	X	CP	吸顶式	D	C
管吊式	G	P	吸顶嵌入式	DR	CR
链吊式	L	CH	嵌入式	BR	WR
壁吊式	B	W			

6. 断路器及熔断器的标注法

断路器及熔断器的一般标注方法如下：

$$a - b - c/i$$

需标明引入线规格时的标注方法如下：

$$a\ \frac{b - c/i}{d(e \times f) - g}$$

式中　a——设备编号（可不标注）；

　　　b——设备型号；

　　　c——额定电流（A）；

　　　i——整定电流（可不标注）（A）；

　　　d——导线型号；

　　　e——导线根数；

　　　f——导线截面（mm^2）；

　　　g——敷设方式。

【重要提醒】

在电气施工图中，断路器的标注比较灵活，有时还需要对断路器的极数和特性进行标注。

2.2　照明配电系统图识读

看照明配电系统图，其目的是全面了解系统基本组成，主要包括电气设备、元器件之间的连接关系以及它们的规格、型号、参数等，为安装调试以及维修提供重要依据。

2.2.1　照明配电系统简介

1. 室内照明配电系统的组成

照明配电系统主要是指照明电源从低压配电屏到用户配电箱之间的接线，主要由馈电线、干线、分支线及配电盘组成，如图 2-2 所示。

35

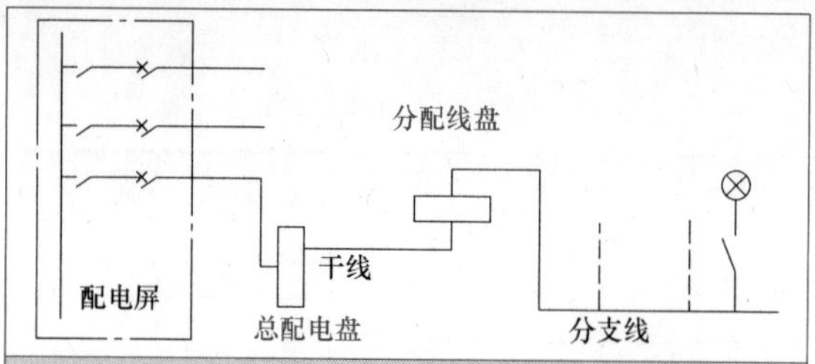

图 2-2　照明配电系统组成示意图

一般来说，现代住宅楼的照明配电系统有 380/220V 三相五线制（TT 系统、TN-S 系统）和 220V 单相两线制。在照明总干线中，要采用三相五线制供电，并且要尽量把负荷均匀地分配到各线路上，以保证供电系统的三相平衡。在照明分支线中，一般采用单相三线制供电。

2. 基本配电方式

照明配电方式有多种，可根据实际情况选定。基本的配电方式有放射式、树干式、混合式、链式四种，如图 2-3 所示。

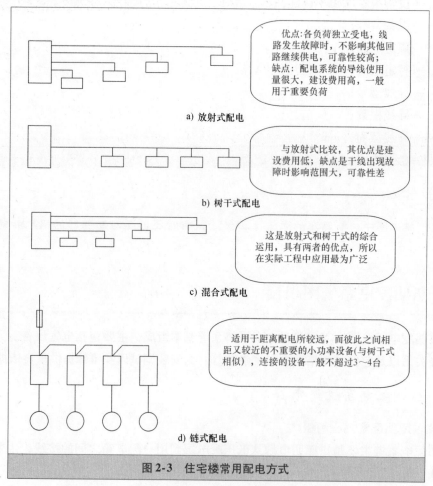

a) 放射式配电

优点：各负荷独立受电，线路发生故障时，不影响其他回路继续供电，可靠性较高；缺点：配电系统的导线使用量很大，建设费用高，一般用于重要负荷

b) 树干式配电

与放射式比较，其优点是建设费用低；缺点是干线出现故障时影响范围大，可靠性差

c) 混合式配电

这是放射式和树干式的综合运用，具有两者的优点，所以在实际工程中应用最为广泛

d) 链式配电

适用于距离配电所较远，而彼此之间相距又较近的不重要的小功率设备（与树干式相似），连接的设备一般不超过3～4台

图 2-3　住宅楼常用配电方式

【重要提醒】

高层建筑低压配电系统的确定，应满足计量、维护管理、供电安全及可靠性的要求。一般将照明与电力负荷分成不同的配电系统；消防及其他防灾用电设施的配电宜自成体系。对于容量较大的集中负荷或重要负荷，宜从配电室采用放射式配电；对各层配电间的配电，宜采用下列方式之一：

1）工作电源采用分区树干式，备用电源也采用分区树干式，或由首层到顶层垂直干线的方式；

2）工作电源和备用电源都采用由首层到顶层垂直干线的方式；

3）工作电源采用分区树干式，备用电源取自应急照明等电源干线。

【知识窗】

照明负荷的分类

1）对于高层建筑，应急照明设备、消防控制室、消防水泵、消防电梯和防烟排烟风机为一级负荷，应采用两路专用回路供电。火灾事故照明和疏散指示可采用蓄电池作为备用电源，事故时其连续供电时间不应小于 20min。

2）普通客梯、排水泵、生活水泵、楼梯照明等用电设备为二级负荷，应由两路电源供电，楼梯照明灯采用延时开关控制，火灾时强制点亮。

3）其他的一般电力、照明用电属于三级负荷。

3. 典型配电系统

在实际应用中，各类建筑的照明配电系统都是上述四种基本配电方式的综合。下面介绍多层公共建筑的照明配电系统、住宅楼的照明配电系统和高层建筑的照明配电系统，如图 2-4 所示。

【知识窗】

照明配电系统图的画法

照明配电系统图一般按用电设备的实际连接次序画图，不反映其平面布置。通常有两种画法，如图 2-5 所示。一种是多线画法，例如配电线路有 4 根线，就画 4 根线。另一种画法是单线图，例如单相、三相都用单线表示；一个回路的线如用单线表示时，则在线上加斜画短线表示线数，加 3 条斜短线就表示 3 根线，2 条斜短线表示 2 根线。对线数多的也可画 1 条斜短线加注几根线的数字来表示。

2.2.2 照明配电图识读实例

1. 住宅楼配电系统图识读

如图 2-6 所示为某六层住宅楼的配电系统图。

该住宅楼由三个单元组成，每个单元内每层有两户。由于三个单元的供电情况相同，图的上部绘出一个单元的供电情况，另两个单元省略。

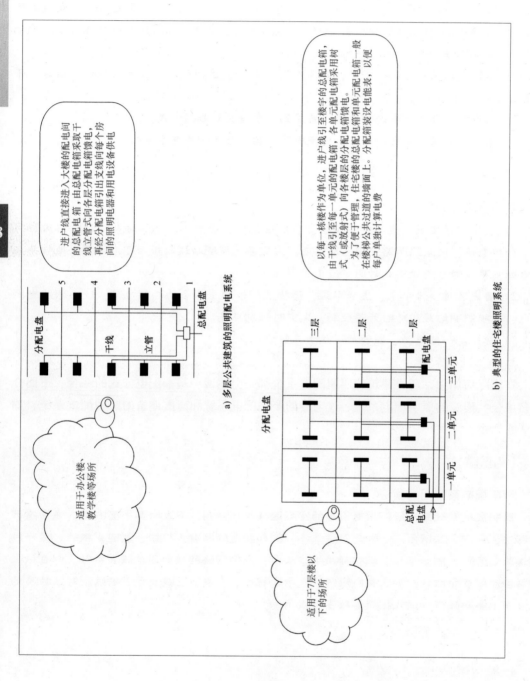

进户线直接进入大楼的配电间的总配电箱，由总配电箱采取干线立管等方式向各层分配电箱馈电，层经分配电箱引出支线向每个房间的照明电器和用电设备供电

适用于办公楼、教学楼等场所

a) 多层公共建筑的照明配电系统

以每一栋楼作为单位，进户线引至楼宇的总配电箱，由干线引至每一单元的配电箱，各单元配电箱采用树式（或放射式）向各楼层的分配电箱馈电，住宅楼的总配电箱和单元配电箱一般在楼梯公共过道的墙面上。分配箱装设电能表，以便每户单独计算电费

适用于7层楼以下的场所

b) 典型的住宅楼照明系统

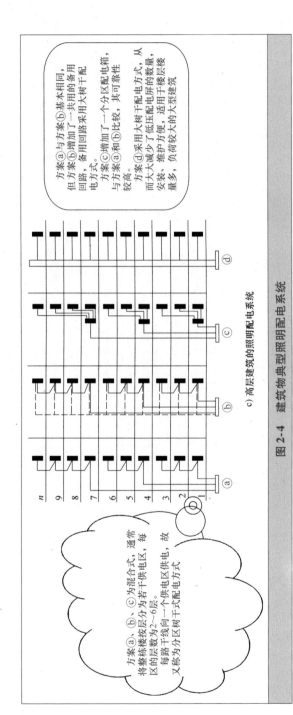

方案ⓐ、ⓑ、ⓒ为混合式，通常每将整栋楼按层分为若干供电区区供电区分为2～6层。每路干线向一个供电区供电，又称为分区树干式配电方式

方案ⓐ与方案ⓑ基本相同，但方案ⓑ增加了一共用的备用回路，备用回路采用大树干配电方式。
方案ⓒ增加了一个分区配电箱，与方案ⓐ和ⓑ比较，其可靠性较高。
方案ⓓ采用大树干配电方式，从而大大减少了低压配电屏的数量，安装、维护方便，适用于楼层较多、负荷较大的大型建筑

图 2-4 建筑物典型照明配电系统

c) 高层建筑的照明配电系统

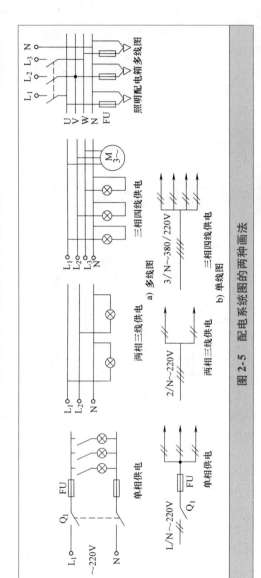

a) 多线图

b) 单线图

图 2-5 配电系统图的两种画法

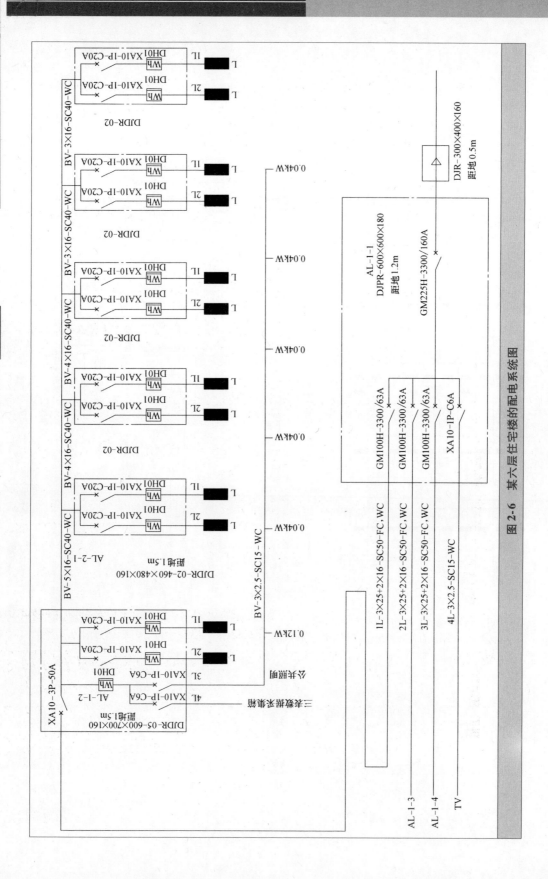

图2-6 某六层住宅楼的配电系统图

电缆线路在进入主配电箱 AL-1-1 之前，在电缆箱 DJR 内做电缆终端头，箱体尺寸为 300mm（宽）×400mm（高）×160mm（深），安装高度距地面为 0.5m。主配电箱型号为 DJPR，其中 DJ 表示产品系列号，P 表示动力箱，R 表示嵌入式安装。箱体尺寸为 600mm（宽）×600mm（高）×180mm（深），安装高度距地面为 1.2m。箱内主开关及分开关均使用 GM 系列断路器。主开关型号为 GM225H-3300/160A，其中 225 表示开关规格为 225A，H 表示极限分断能力为 50kA，第一个 3 表示三极开关，第二个 3 表示有复合脱扣器，00 表示无附件，160A 表示触头动作整定电流。三个主输出回路分开关，型号为 GM100H-3300/63A，规格为 100A，触头动作整定电流为 63A，均小于总开关。主配电箱内另一支路使用型号为 XA10-1P-C6A 的 XA10 系列单极组合式断路器，为电视设备箱提供电源，其中 1P 表示单极断路器，C 表示短路动作电流为 5～10 倍额定电流，容量为 6A。这种单极组合式断路器不仅用于电视设备的供电线路，也可用于照明配电线路。

从配电箱 AL-1-1 中引出四条支路 1L、2L、3L、4L。每条支路均为三相电源，直接接入各单元配电箱。其中，1L、2L、3L 三条为各单元供电。三条支路 3 根导线截面积为 25mm^2（3×25），2 根导线截面积为 16mm^2（2×16），穿管直径为 50mm 焊接钢管（SC50），沿地面内、墙内暗敷设（FC. WC）。另一支路 4L 为电视设备箱供电。导线均为塑料绝缘铜芯导线。

各单元主配电箱 AL-1-2、AL-1-3、AL-1-4 均设在一楼，型号为 DJDR-05。其中 DJ 表示产品系列号，DR 表示电能表箱嵌入式安装。配电箱内装 3 块电能表，两块为本层两户户表，另一块为本单元公共用电电能表。箱体尺寸为 600mm×700mm×160mm，安装高度为 1.5m。配电箱内主开关为 XA10-3P-50A 型断路器，三极开关（3P），额定电流为 50A。主开关控制全单元用电。配电箱内 3 块电能表为 DH01 型。单元公共用电电能表接在主开关后，该电能表后分为两条支路，分别为 3L 和 4L。3L 为楼道公共照明，有 3 根截面积为 2.5mm^2 的塑料绝缘铜芯导线（BV），穿直径为 15mm 的焊接钢管（SC15），沿墙内暗敷设（WC）。开关为 XA10 型断路器，额定电流为 6A。4L 为水表、电能表、煤气表三表数据采集箱电源。箱内另外两块电能表接在分开关后面，表后两条支路 1L、2L，分别接入各户配电箱 L，分开关为 XA10 型 20A 断路器。

【重要提醒】

住宅楼配电系统图一般采用概略图绘制。阅读时，可根据电流入户方向，由 **进户线→配电箱→各支路** 的顺序依次阅读。读懂了系统图，就对整个电气工程就有了一个总体的认识。因此，识读时主要应该读懂以下两个方面的内容。

1）该住宅楼照明系统的总体组成；

2）该住宅楼照明系统的组成和相互之间的关系，包括单元总配电箱组成元器件的型号、各分配电箱组成元器件的型号、线缆走向与型号等。

2. 二室二厅配电系统图

配电箱 ALC$_2$ 位于楼层配电小间内。从配电箱 ALC$_2$ 向右出的一条线进入户内墙上的配电箱 AH$_3$。户内配电箱共有八条输出回路，如图 2-7 所示。

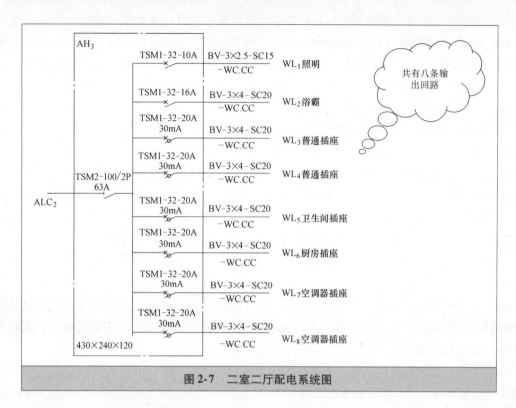

图 2-7　二室二厅配电系统图

1）WL₁ 回路为室内照明回路，导线的敷设方式标注为，BV-3×2.5-SC15-WC.CC，采用三根规格是 2.5mm² 的铜芯线，穿直径为 15mm 的钢管，暗敷设在墙内和楼板内（WC.CC）。为了用电安全，照明线路中加上了保护线 PE。如果安装金属外壳的灯具时，应对金属外壳做接零保护。

2）WL₂ 回路为浴霸电源回路，导线的敷设方式标注为，BV-3×4-SC20-WC.CC，采用三根规格为 4mm² 的铜芯线，穿直径为 20mm 的钢管，暗敷设在墙内和楼板内（WC.CC）。

3）WL₃ 回路为普通插座回路，导线的敷设方式标注为，BV-3×4-SC20-WC.CC，采用三根规格为 4mm² 的铜芯线，穿直径为 20mm 的钢管，暗敷设在墙内和楼板内（WC.CC）。

4）WL₄ 回路为另一条普通插座回路，线路敷设情况与 WL₃ 回路相同。

5）WL₅ 回路为卫生间插座回路，线路敷设情况与 WL₃ 回路相同。

6）WL₆ 回路为厨房插座回路，线路敷设情况与 WL₃ 回路相同。

7）WL₇ 回路为空调插座回路，线路敷设情况与 WL₃ 回路相同。

8）WL₈ 回路为另一条空调插座回路，线路敷设情况与 WL₃ 回路相同。

【重要提醒】

家庭照明配电系统图的主要表达内容包括电源进户线、各级照明配电箱和供电回路，表示其相互连接形式；配电箱型号或编号，总照明配电箱及分照明配电箱所选用计量装置、开关和熔断器等器件的型号、规格；各供电回路的编号，导线型号、根数、截面和线管直径，以及敷设导线长度等；照明器具等用电设备或供电回路的型号、名称、计算容量和计算电流等，如图 2-8 所示。

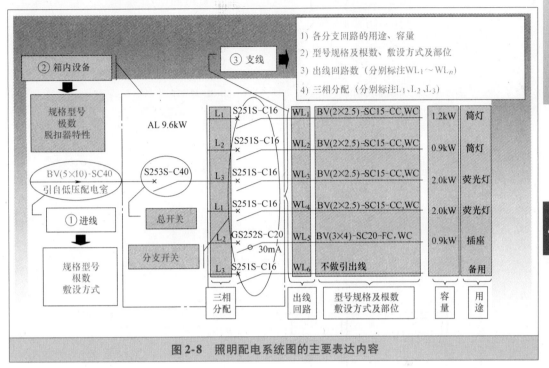

图 2-8 照明配电系统图的主要表达内容

2.3 照明配电平面图识读

2.3.1 照明灯具控制方式的表示法

1. 用一个开关控制照明灯

1）一个开关控制一盏灯的表示法，如图 2-9 所示。这是一种最常用、最简单的照明控制线路。从开关到灯具的线路都是两根线（两根线一般不需要标注），相线（L）经开关控制后到灯具，零线（N）直接到灯具。

2）一个开关控制多盏灯的表示法，如图 2-10 所示。例如会议室，家庭客厅的筒灯、射灯等通常采用这种控制方式。一只开关控制多盏灯时，几盏灯均应并联接线。

2. 多个开关控制照明灯具

（1）多个开关控制多盏照明灯方式

当一个空间有多盏灯需要多个开关单独控制时，可以适当把控制开关集中安装，相线可以公用接到各个开关，开关控制后分别连接到各个灯具，零线直接到各个灯具。

多个开关控制多盏灯方式如图 2-11 所示。

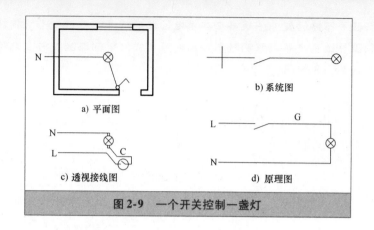

图 2-9 一个开关控制一盏灯

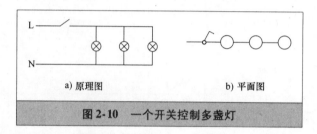

图 2-10 一个开关控制多盏灯

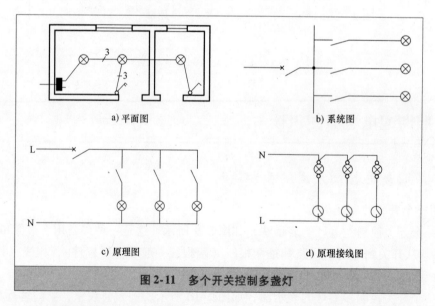

图 2-11 多个开关控制多盏灯

多个开关控制多盏灯方式，一般零线可以共用，但开关则需要分开控制。如图 2-12 所示为多个开关控制多盏灯的工程实例，图中虚线所示即为图中描述的导线根数。

（2）两个开关控制一盏灯

在楼上楼下或较长的走廊，采用两地控制比较方便，可避免上楼后再下楼关闭照明灯，或在长廊反复来回关闭所造成的不方便或电能的浪费。两个开关控制一盏灯如图 2-13 所示，该控制电路必须选用两个双控开关，才能实现两地控制的功能。

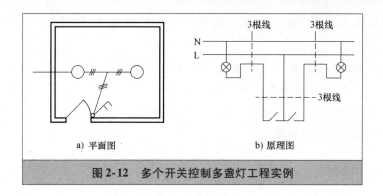

a) 平面图   b) 原理图

图 2-12 多个开关控制多盏灯工程实例

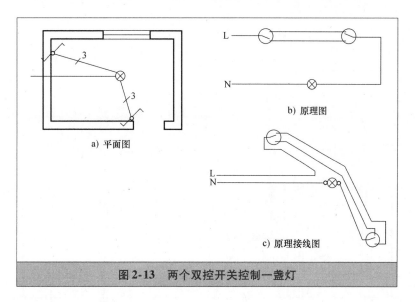

a) 平面图

b) 原理图

c) 原理接线图

图 2-13 两个双控开关控制一盏灯

（3）三个双控开关控制一盏灯

在房间的不同角落里面装三个开关控制同一盏灯，就需要采用三地控制线路。三地控制线路与两地控制的区别是比两地控制多增加了一个双控开关，通过位置 0 和 1 的转换（相当于使两线交换）实现三地控制，如图 2-14 所示。

【知识窗】

照明配电平面图的主要内容

照明配电平面图描述的主要对象是照明电气电路和照明设备，通常包括以下主要内容。

1）电源进线和电源配电箱及各分配电箱的形式、安装位置，以及电源配电箱内的电气系统。

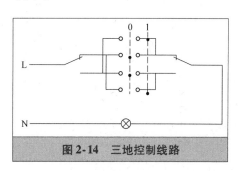

图 2-14 三地控制线路

2）照明电路中导线的根数、型号、规格（截面积）、电路走向、敷设位置、配线方式、导线的连接方式等。

45

3）照明电光源类型、照明灯具的类型、灯泡灯管功率、灯具的安装方式、安装位置等。

4）照明开关的类型、安装位置及接线等（照明平面图上不能表现灯具、开关、插座等的具体形状，只能反映照明设备的具体位置）。

5）插座及其他日用电器的类型、容量、安装位置及接线等。

6）照明房间的名称及照度等。

2.3.2 照明平面图识读示例

1. 标准层照明平面图识读

如图2-15所示为某楼宇标准层照明平面图。

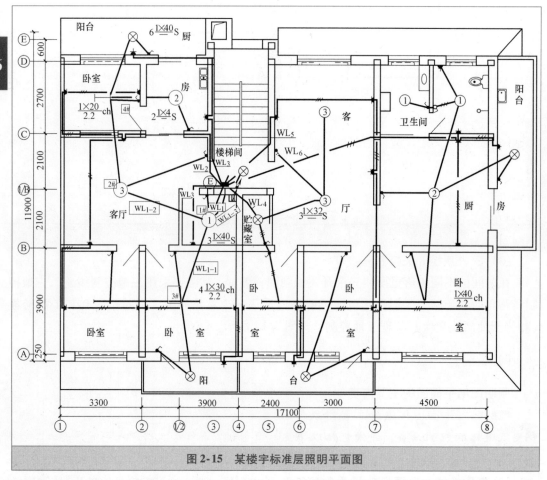

图2-15 某楼宇标准层照明平面图

(1) 左侧①~④轴房号（识读的重点部位在图中已用颜色线勾画）

1）根据设计说明中的要求，图中所有管线均采用焊接钢管或PVC阻燃塑料管沿墙或楼板内敷设，管径为15mm，采用塑料绝缘铜线，截面积为2.5mm²，管内导线根数按图中标注［加粗黑线（表示管线）上没有标注的均为两根导线，凡用斜线标注的应按斜线标注的根数计]。

2）右边住宅电源是从楼梯间的照明配电箱 E 引入的，共有三个支路，即 WL$_1$、WL$_2$、WL$_3$。其中，WL$_3$ 引出两个分路，一是引至卫生间的二三极插座上，图中的标注是经 1/B 轴用直角引至 B 轴上的，实际中这根管是由 E 箱直接引至插座上去的，不必有直角弯。另一个分路是经③轴沿墙引至厨房的两个插座，③轴内侧一只，D 轴外侧阳台一只，实际工程也应为直接埋楼板引去，不必沿墙拐直角弯引去。按照设计说明的要求，这三只插座的安装高度为 1.6m，且卫生间应采用防溅式，全部暗装。

3）WL$_1$ 支路引出后的第一接线点是卫生间的玻璃罩吸顶灯（①1#）40W、吸顶灯安装标注为

$$3\frac{1\times40}{}S$$

这里的"3"是与相邻房号卫生间共同标注的。然后再从这里分散出去，共有三个分路，即 WL$_{1-1}$、WL$_{1-2}$、WL$_{1-3}$。这里还有引至卫生间入口处的一管线，接至单联单控翘板防溅开关上，这一管线不能作为一个分路，因为它只是控制 1# 灯的一开关。该开关暗装，标高为 1.4m，图中标注的三根导线，其中一根为保护线。

a）WL$_{1-1}$ 分路是引至 A-B 轴卧室照明的电源，在这里 3# 又分散出，共有两个分支路，其中一路是引至另一卧室荧光灯的电源，另一路是引至阳台平灯口吸顶灯的电源。WL$_{1-1}$ 分路的三个房间的入口处，均有一单联单控翘板开关，控制线由灯盒处引来，分别控制各灯。其中荧光灯为 30W，吊高为 2.2m，链吊安装（ch），标注为

$$4\frac{1\times30}{2.2}ch$$

这里的"4"是与相邻房号共同标注的；而阳台平灯口吸灯为 40W，吸顶安装，标注为

$$6\frac{1\times40}{}S$$

这个标注在 WL$_{1-2}$ 分路的阳台上，见图中左上角 D-E 轴的阳台。而单控翘板开关均为暗装，标高为 1.4m。这里的"6"包括贮藏室和楼梯间的吸顶灯。

b）WL$_{1-2}$ 分路是引至客厅、厨房及 C-E 轴卧室及阳台的电源。其中，客厅为一环型荧光吸顶灯③ 2#，32W，吸顶安装，标注为

$$3\frac{1\times32}{}S$$

这个标注写在相邻房号的客厅内。这只吸顶灯的控制为一单联单控翘板开关，安装于进口处，暗装。从 2# 灯将电源引至 C-D 轴的卧室一荧光灯处，该灯 20W，吊高为 2.2m，链吊，其控制为门口处的暗装单联单控翘板开关。从 4# 灯又将电源引至阳台和厨房，阳台灯具同前阳台，厨房灯具为一平盘吸顶灯，40W，吸顶安装，标注为

$$2\frac{1\times40}{}S$$

这又是采用的共同标注。

c）**WL$_{1-3}$分路**是引至卫生间本室内④轴的二极扁圆两用插座暗装，安装高度为2.3m（为了与另一插座取得一致，应为1.6m）。

由上分析可知，1#、2#、3#、4#灯处有两个用途，一是安装本身的灯具，二是将电源分散出去，起到分线盒的作用，这在照明电路中是最常用的。从灯具标注上看，同一张图样上同类灯具的标注可只标注一处，这在识读中要注意。

d）**WL$_2$支路**引出后沿③轴、C轴、①轴及楼板引至客厅和卧室的二三极两用插座上，实际工程均为埋楼板直线引入，没有沿墙直角弯，只有相邻且在同一墙上安装时，才在墙内敷设管路（见⑦轴墙上插座）。插座回路均为三线（一相线、一保护线、一工作零线），全部暗装，安装高度厨房和阳台为1.6m，卧室均为0.3m。

e）楼梯间照明为40W，平灯口吸顶安装，声控开关距顶为0.3m；配电箱暗装，下部距地面为1.4m。

（2）右侧④~⑧轴房号

其线路布置及安装方式基本与①~④轴相同，只是灯具及管线较多而已。特别注意，与1/7轴上的两只翘板开关要对应安装，标高一致。

【重要提醒】

由于电气照明平面图上导线较多，在图面上不可能逐一表示清楚。为了读懂电气照明平面图，作为一个读图过程，可以画出灯具、开关、插座的电路图或透视图。**弄懂平面图、电路图、透视图的共同点和区别**，再看复杂的照明电气平面图就容易多了。

2. 某家庭电气照明平面图识读

如图2-16所示为某家庭电气照明平面图。

从图中可看出，照明光源除卫生间外都采用直管型荧光灯，卫生间采用防水防尘灯具。此外还设置了应急照明灯，应急照明电源在停电时供应急灯照明使用。

左侧房间电气照明控制线路说明如下：

上下两个四极开关分别控制上面和下面四列直管型荧光灯。电源由配电箱 AL$_{2-9}$ 引出，配电箱 AL$_{2-9}$、AL$_{2-10}$ 中由一路主开关和六路分开关构成，见图样上面部分的系统图。

左侧房间上下的照明控制开关均为四极，因此开关的线路为5根线（相线进1出4），其他各路控制导线根数的判断，请读者结合本书第1章介绍的基本方法自己判断。卫生间有一盏照明灯和一个排风扇，因此采用一个两极开关，其电源仍是与前面照明公用一路电源。各回路所采用的开关分别有PL91-C16、PL91-C20。各线路的敷设方式为 AL$_{2-9}$ 照明配电箱线路，分别为3根4mm^{2}聚氯乙烯绝缘铜线穿直径为20mm钢管敷设（BV 3×4 S20）、2根2.5mm^{2}聚氯乙烯绝缘铜线穿直径为15mm钢管敷设（BV 2×2.5 S15），以及2根2.5mm^{2}阻燃型聚氯乙烯绝缘铜线穿直径为15mm钢管敷设（ZR-BV 2×2.5 S15）。

右侧房间的控制线路与左侧相似，只是上面的开关只控制两路照明光源，为两极开关，卫生间的照明控制仍是采用两极开关控制照明灯和排风扇。一般照明和空调回路不加漏电保护开关，但如果是浴室或十分潮湿易发生漏电的场所，照明回路也应加漏电保护开关。

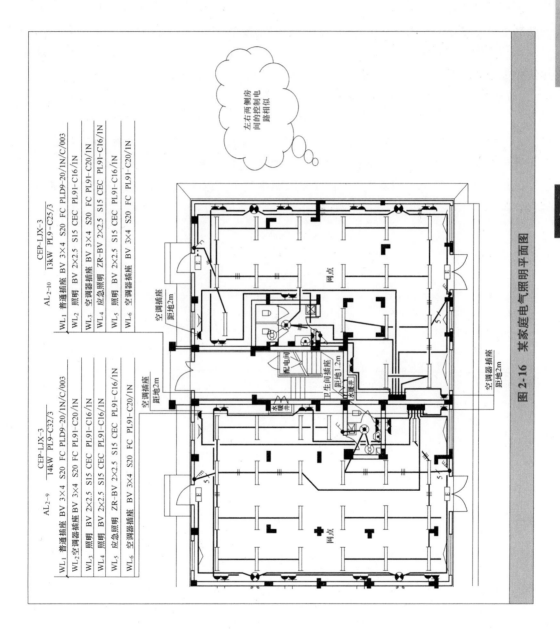

图 2-16 某家庭电气照明平面图

【知识窗】

照明平面图识读方法

1）结合电气系统图与照明平面图及施工说明一起识读，弄清整体与局部、原理接线图与安装接线图的关系。可以先弄清每个房间的情况，再弄清整套住宅的全貌；也可以先识读整套住宅的情况，再弄清楚每个房间及局部的细节。

2）识图时，应按"进户线→电能表、配电箱→干线→分支线→各路用电设备"的顺序来识读。

3）弄清每条线路的根数、导线截面（截面积）、布线方式、灯具与开关的对应关系、插座引线的走向（从哪个接线盒引出），以及各种电气设备的安装位置与预埋件位置等。

4）照明平面图应在建筑施工开工前绘制好，以便结合土建施工实施电气预埋工作。如果是对现有住房进行装修、装饰而涉及布线改造（如将明线敷设改为暗线敷设，改动或增加线路、插座、开关、灯具），也应绘制照明平面图，因为这是指导实施电气改造所必需的。

第3章

工厂供配电电气识图

3.1 高低压供配电系统识图

3.1.1 高压供配电系统识图

对于不同规模的电能用户，由于其所需功率和供电范围的不同，应建立不同电压等级的配电系统。电压等级不同，需要采用的降压级数也不一样。根据降压级数的不同，工厂供配电系统可分为，二级降压的供配电系统、一级降压的供配电系统和低压供电的小型供电系统。

1. 二次变压的供配电系统

大型、特大型工业企业，一般采用具有总降压变电所的二次变压供配电系统，如图3-1所示。

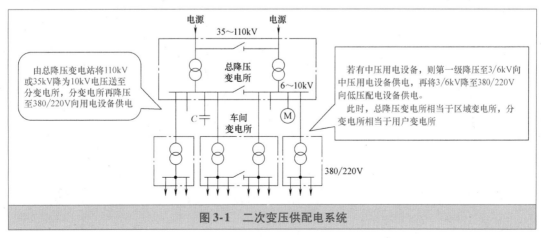

图 3-1   二次变压供配电系统

【知识窗】

电力系统

由发电机、变压器、线路、用电设备以及其测量、保护、控制装置等，按一定规津联系在一起组成的用于电能生产、输送、分配和消费的系统称为电力系统。如图 3-2 所示为电力系统的组成。

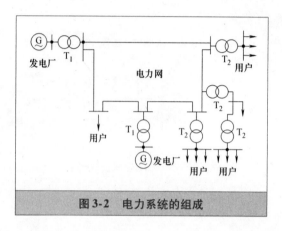

图 3-2 电力系统的组成

2. 一次变压的供配电系统

对于中型工业企业，一般采用一级降压的供配电系统，由用户变电所将 10kV 电压降至 380/220V 向用电设备供电。

（1）具有高压配电所的一次变压系统

中型工业企业一般采用 6~10kV 电源进线，经高压配电所将电能分配给各分变电所，由分变电所将 6~10kV 电压降至 380/220V，供低压用电设备使用，如图 3-3 所示。

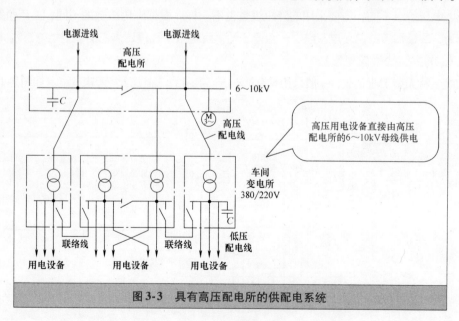

图 3-3 具有高压配电所的供配电系统

（2）高压深入负荷中心的一次变压系统

将 35kV 线路直接引入靠近负荷中心的变电所，再由车间变电所一次变压为 380/220V，供低压用电设备使用，如图 3-4 所示。

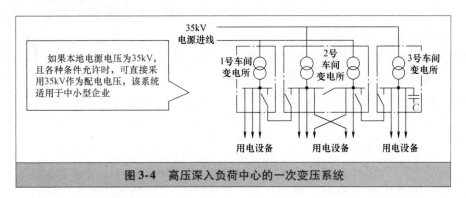

图 3-4　高压深入负荷中心的一次变压系统

（3）只有一个降压变电所的供配电系统

如果用电较少的企业，可采用一级降压的供配电系统。通常只设一个将 6～10kV 电压降为 380/220V 电压的变电所，如图 3-5 所示。

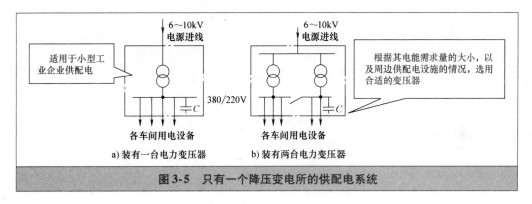

图 3-5　只有一个降压变电所的供配电系统

3. 小型供配电系统

某些小型工业企业，可直接由附近变电所的 **380/220V** 电源向用户供电，如图 3-6 所示。

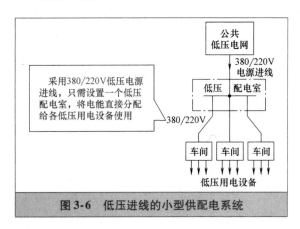

图 3-6　低压进线的小型供配电系统

3.1.2 低压配电系统识图

三相交流低压电网的接地方式有三种五类，即 TN-S 系统、TN-C-S 系统、TN-C 系统、TT 系统和 IT 系统。目前我国低压配电系统的主要接地形式是 TN-C 接地方式。

1. TN-C 系统

TN-C 系统的 N 线和 PE 线合用一根导线——保护中性线（PEN 线），所有设备外露可导电部分（如金属外壳等）均与 PEN 线相连，又称为"三相四线制中性点直接接地系统"，如图 3-7 所示。

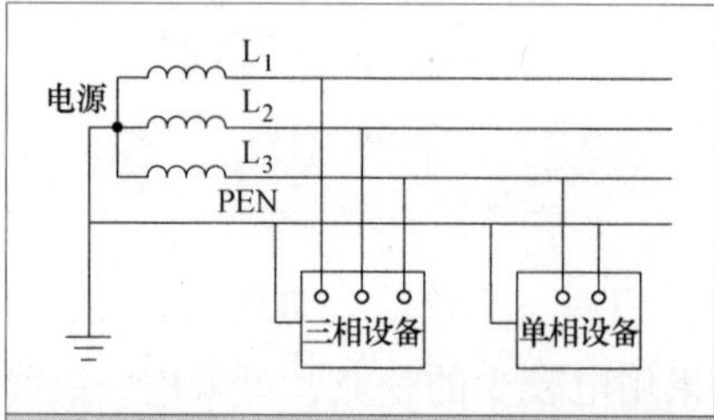

优点

1）TN-C 系统只需要 4 条配电线，降低了设备的初期投资费用；

2）发生接地短路故障时，故障电流大，可在线路中采用过电流保护器瞬时切断电源，保证人员生命和财产安全。

缺点

1）由于 PEN 线中有电流流过，在电气设备的外壳和线路的金属套管间会形成压降，对线路周围的敏感性电子设备不利；

图 3-7 TN-C 系统

2）在有爆炸危险的环境中，PEN 线中的电流有可能引起爆炸事故；

3）PEN 线断线或相线对地短路时，会呈现相当高的对地故障电压，可能扩大事故范围；

4）在 TN-C 系统电源上使用漏电保护器时，接地点后的工作中性线不得重复接地，否则无法可靠供电。

【重要提醒】

我国的低压配电系统通常采用三相四线制，即 380/220V 低压配电系统，该系统采用电源中性点直接接地方式，而且引出中性线（N 线）或保护线（PE 线）。这种将中性点直接接地，而且引出中性线或保护线的三相四线制系统，称为 TN 系统。

在低压配电的 TN 系统中，中性线（N 线）的作用如下：①用来接驳相电压 220V 的单相设备；②用来传导三相系统中的不平衡电流和单相电流；③减少负载中性点电压偏移。

2. TN-S 系统

TN-S 系统的 N 线和 PE 线是分开的，所有设备的外露可导电部分均与公共 PE 线相连，又称为"三相五线制中性点直接接地系统"，如图 3-8 所示。在民用建筑中，家用电器大都有单独接地极的插头，采用 TN-S 供电，既方便又安全。

3. TN-C-S 系统

TN-C-S 系统的前部为 TN-C 系统，后部为 TN-S 系统（或部分为 TN-S 系统），如图 3-9 所示。

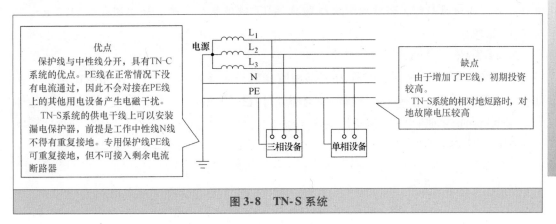

图 3-8　TN-S 系统

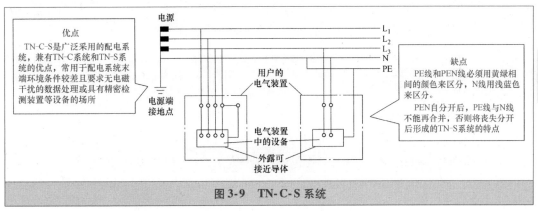

图 3-9　TN-C-S 系统

55

4. TT 系统

　　TT 系统如图 3-10 所示，其配电系统部分有一个直接接地点，一般是变压器中性点。其电气设备的金属外壳用单独的接地棒接地，与电源在接地上无电气联系，称为保护接地，适用于小负荷供配电系统。

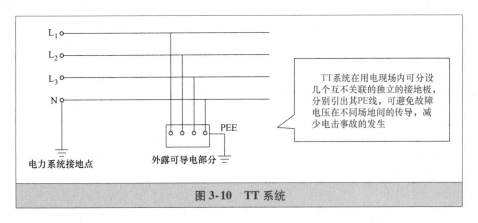

图 3-10　TT 系统

【重要提醒】

　　施工现场临时用电配电线路的接地保护形式常采用 TN 或 TT 系统。当施工现场与外用电共用同一供电系统时，若外电配电线路采用 TT 接地系统，那么施工现场临时用电也应采用 TT 系统。

5. IT 系统

IT 系统如图 3-11 所示，又称为"三相四线制小电流接地系统"。IT 系统的电源不接地或通过阻抗接地，电气设备外露可导电部分可直接接地或通过保护线接到电源的接地体上，这也是保护接地。

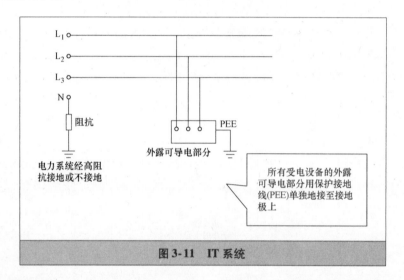

图 3-11　IT 系统

由于该系统出现第一次故障时故障电流小，电气设备金属外壳不会产生危险性的接触电压，因此可以不切断电源，使电气设备继续运行，并可通过报警装置及检查消除故障。

IT 系统主要用于单独的局部电网。

【知识窗】

接地方式名称中字母的含义

第一个字母 T 表示一点直接接地，I 表示所有带电部分与地绝缘。

第二个字母表示用电设备的外露可导电部分对地的关系：T 表示与地有直接的电气连接而与配电系统的任何接地点无关，N 表示与配电系统的接地点有直接的电气连接。

在第二个字母后的字母表示中性线与保护线的组合情况：S 表示分开（单独），C 表示公用，C-S 表示开头部分是公用，后面部分分开。

3.2　一次回路识图

3.2.1　一次回路图简介

1. 什么是一次回路图

一次回路图是指表示供配电系统电能输送和分配路线的接线图，也称主接线图。它是电力变压器、开关电器、互感器、母线、电力电缆等由一次设备相互连接构成的接收和分配电能的电路图，也是描述一次设备全部组成和连接关系，表示电路工作原理的简图。

【知识窗】

一次设备与一次回路

电力系统中，用于变换和传输电能的部分称为一次部分，其设备称为一次设备。

一次设备是指发电、输电、变电、配电、供电的主系统上所用的设备，如发电机、变压器、开关、接触器、电动机、电热器、输电线路、互感器、避雷器、无功补偿装置等。由这些设备组合起来的电路称为一次回路。

一次回路可进行电能的接收、变换和分配，但不能进行监测和了解运行情况，更不能对系统进行保护（即自动发现并排除故障）和控制。

2. 一次系统图基本表述方法

1）**一次系统图**一般用概略图来描述。通常仅用符号表示各项设备，而对设备的技术数据、详细的电气接线、电气原理等不作详细表示。

2）为了**简化作图**，对于相同的项目，其内部构成只描述了其中的一个，其余项目只在功能框内注以"电路同××"，避免重复描述。

3）**较小系统**的电气一次系统图，一般画成单线示意图，并以母线为核心将各个设备及项目（如电源、负载、开关电器、电线电缆等）联系在一起。

4）**母线的上方为电源进线**，电源的进线如果以出线的形式送至母线，则将此电源进线引至图的下方，然后用转折线接至开关柜，再接到母线上。母线的下方为出线，一般都是经过配电屏中的开关设备和电线电缆送至负载的。

5）在**电气系统一次电路图**中，通常要标注主要项目的技术数据及设计参数，如设备容量、计算容量、计算电流及各路出线的安装功率、电压损失等。

3. 一次回路图识读方法及要领

电力系统一次回路图的读图方法如下：

1）了解发电厂或变电所的基本情况（地位、作用；类型、容量等）	
2）了解发电机和主变压器的主要技术参数	4）查看开关的配置情况（包括断路器、隔离开关的配置检查）
3）查看各个电压等级的主接线基本形式。看图顺序如下： 发电厂：发电机→主变压器高压侧→主变压器中压侧； 变电所：高压侧→中压侧→低压侧	5）查看互感器的配置情况（包括电流互感器和电压互感器） 6）查看避雷器的配置情况（有时不绘出避雷器）

一次回路识图方法

一次回路识图要领如下：

57

　　一次系统设备多，高压低压分别看。

　　接线方式有三种，概略图样来呈现。

　　系统庞大较复杂，划分单元是关键。

　　电能流向为线索，彼此关系要分辨。

　　回路结构须清理，掌握功能和特点。

　　读图入手看主变，再看电源进出线。

　　参数信息应清楚，配电设备多查看。

　　遵循程序细分析，由浅入深反复练。

【知识窗】

电气一次回路的常用图形符号

电气一次回路的常用图形符号如图3-12所示。

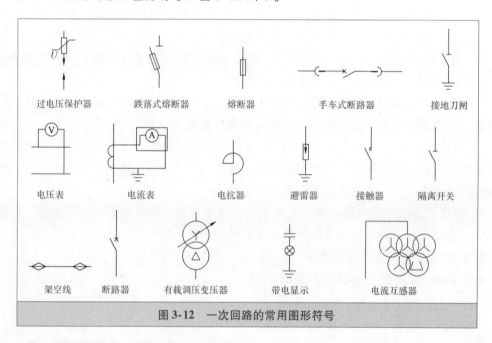

图3-12　一次回路的常用图形符号

3.2.2　变电所一次回路接线系统图识读

按照不同的接线方式，变电所一次回路图有放射式、树干式和环式三种基本形式。

1. 放射式接线系统图

放射式线路可分为单回路放射式线路、双回路放射式线路，如图3-13所示为高压放射式接线系统图。

【重要提醒】

要提高供电的可靠性，可在各变电所高压侧之间或低压侧之间敷设联络线，还可采用来自两个电源的两路高压进线，然后经分段母线，由两段母线用双回路对用户交叉供电，如图 3-13c 所示，一般适用于二级负荷供电。

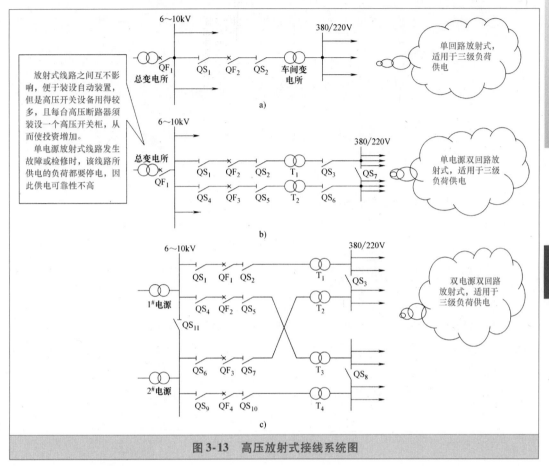

图 3-13 高压放射式接线系统图

2. 树干式接线系统图

如图 3-14 和图 3-15 所示为高压树干式线路的电路图。此系统适用于三级负荷和一些次要场合的二级负荷的供电。

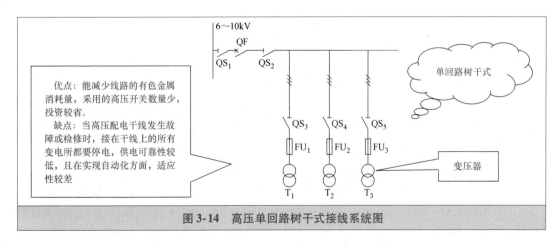

图 3-14 高压单回路树干式接线系统图

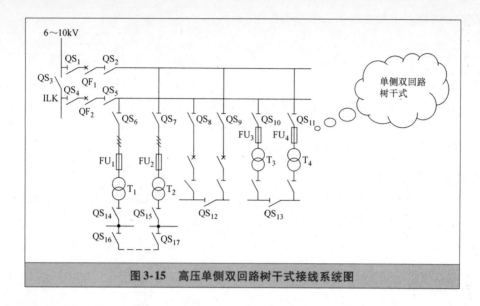

图 3-15 高压单侧双回路树干式接线系统图

【重要提醒】

要提高供电可靠性，可采用单侧双回路或两端供电的树干式接线方式，通过联络开关来选择供电方式。

3. 环式接线系统图

如图 3-16 所示为环形接线的电路图。该系统适用于三级或二级负荷供电，在城市电网中应用很广。

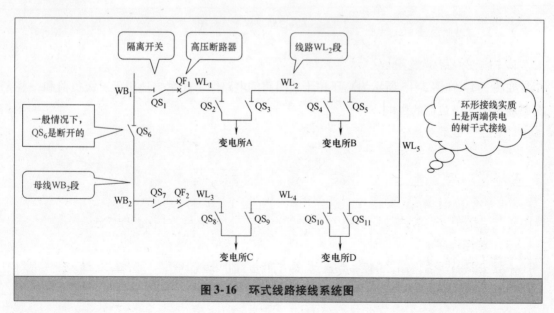

图 3-16 环式线路接线系统图

为了避免环形线路上发生故障时影响整个电网，也为了便于实现线路保护的速断性，因此大多数环形线路采用"开口"运行方式，即环形线路中有一处开关是断开的，此时并不影响其他段干线向其负荷供电。

【重要提醒】

一般地说，高压配电系统宜优先考虑采用放射式供电。在工厂，对于供电可靠性要求不高的生产区和生活区，一般采用树干式供电或环行供电，比较经济。

【知识窗】

正确绘制隔离开关

在绘制隔离开关时，电源应接在通过绝缘子与隔离开关的触刀连接（见图 3-17），因为这样安装在打开和合上隔离开关时，触刀端的带电时间较短，这样可以保证操作人员的安全。

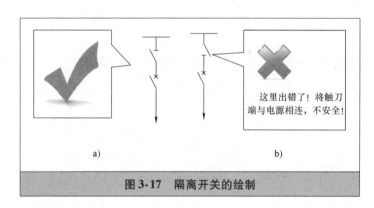

a)   b)

图 3-17　隔离开关的绘制

4. 低压一次回路的类型

低压供电电路的接线方式应根据负荷的等级、大小、分布情况和技术等级的不同要求，采用不同的接线方式。低压一次回路有放射式、树干式和环式等基本接线方式，其原理与高压一次系统基本相似，这里只提供三种接线方式的一次电路图，如图 3-18 所示，不再重复叙述其原理，请读者自己分析。

5. 低压一次系统图的看图程序

一次电路图一般以各配电屏单元为基础组合而成。阅读时，应按照图样标注的配电屏型号查阅有关手册，把有关配电屏电气系统一次电路图看懂。

一次电路图上一般都标注一些重要参数，如设备容量、负荷等级、线路电压损失等，读图时，借助于这些参数可从中获得一些重要信息，对看懂电气图有很大帮助。

（1）路径程序

一般按照电能输送路径的走向进行，即电源进线→母线→开关→设备→馈线等。

（2）先后程序

一般按照先高压后低压的顺序进行，即主变压器（了解主变压器的技术参数）→高压侧的接线→低压侧的接线。

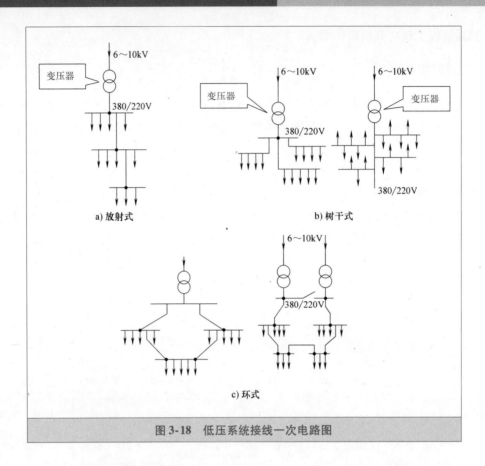

图 3-18　低压系统接线一次电路图

3.2.3　一次回路看图实例

1. 某工厂一次回路图识读

某工厂供电的一次回路如图 3-19 所示。该供电电气系统主电路有两个电源，一个为 10kV 架空电路的外电源，一个为独立的柴油发电机组自备电源。供电电气系统共有 5 个配电屏。10kV 架空电路电源进入系统时，首先经过跌落式熔断器 FU 和变压器 T，将 10kV 电压变换成 0.4kV，经 3 号配电屏送到母线上。避雷器 F 安装在变压器的高压侧。自备发电机电源经 2 号配电屏送到第 I 段母线上，在外电源中断时保证重要负荷的供电。3 号配电屏有两个隔离开关和一个断路器，一个隔断变压器供电，其中一个隔离开关是用来隔断自备发电机电源供电。2 号配电屏是受电、馈电兼联络用的配电屏，配电屏内的隔离开关是两段母线的联络开关，带熔断器的刀开关分别控制进线和馈线，图中的电流互感器供测量仪表使用。

该供电电气系统采用单母线分段放射式接线方案，I、II 两段母线由隔离开关联络。配电屏向用电设备供电的电路称为馈电电路，即馈线，共有 10 条馈线，其中第①条和第⑨条是备用馈线。

(1) 电源

该系统有外电源和自备电源两个电源。

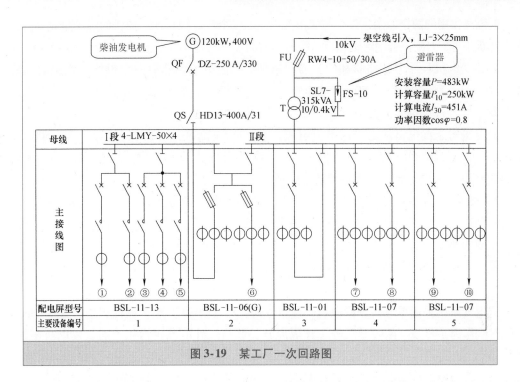

图3-19　某工厂一次回路图

1）外电源是正常供电电源。由10kV架空电路经跌落式熔断器FU送到变压器T。跌落式熔断器的型号是RW4-10-50/30A（其中的50A是熔管的额定电流，30A是熔丝的额定电流）。变压器的型号规格为SL7-315-10/0.4，额定容量为315kVA，额定电压为10/0.4kV，这一电压是指线电压，低压侧引出中性线，可得到三个相电压为$400/\sqrt{3}$＝230V。

经计算，高压侧的额定电流为18A，可见高压跌落式熔断器的熔丝选30A是比较合理的。低压侧的额定电流为455A，该电流值为看图时判断低压出线开关、导线、母线型号规格的正确性提供了重要依据。

图面上标出，该系统的安装容量为483kW，计算容量为250kW，负载的功率因数一般为0.8，则计算容量为386.4kVA、计算电流451A。可见，在系统主电路图中，变压器容量选为315kVA是合适的。

为了保护变压器防止雷电过电压，在变压器10kV进线侧安装了一组（共三个）FS-10型避雷器。

2）自备电源由一独立的柴油发电机供电，发电机的额定功率为120kW，额定电压为400/230V，功率因数为0.8。经计算，发电机的额定电流为216.5A。说明发电机出线开关选用250A的断路器是适宜的。

（2）电源进线与开关设备

10kV高压电源经变压器降压到400V以后，由铝排送到3号配电屏，然后送到母线上。3号配电屏的型号是BSL-11-01，主要用作电源进线。配电屏内有两个刀闸（隔离开关）和一个DW10型断路器（额定电流为600A、动作整定电流为800A），它对变压器起过电流、失电压等保护作用。

起隔离作用的两个刀闸，一个与变压器相连，一个与母线相连。操作的顺序是先断开断路器，再断开两个刀闸，合闸时则相反。配电屏内的3个电流互感器主要供测量仪表用。

自备发电机经一个断路器和一个刀闸送到2号配电屏，然后引至母线。断路器为装置式（DZ型），额定电流为250A，动作整定电流为330A，断路器的作用是控制发电机送电和对发电机进行保护。刀闸的作用是对带电的母线起隔离作用。

发电机房至配电室送电采用电力电缆，沿电缆沟敷设。电缆的型号为VLV2-500V-3×95+1×50，它是塑料绝缘、塑料保护套、铝芯铠装电力电缆，额定电压为500V，3根相线的截面积均为95mm²，中性线截面积为50mm²。

2号配电屏的型号为BSL-11-06（G），它是受电、馈电兼联络用配电屏，有一路进线，一路馈线。一路进线由自备发电机供电，经3个电流互感器和一组跌落式熔断器，然后又分成两路，左边一路直接与Ⅰ段母线相连，右边一路经过隔离开关送到Ⅱ段母线。这里的隔离开关是作为两段母线的联络开关。

（3）母线

该电气系统采用单母线分段放射式接线方式。以4根LMY型、截面积均为50×4mm²的硬铝母线作为主母线。两段母线经上述隔离开关联络。外电源正常供电时，发电机不供电，联络开关闭合，母线Ⅰ、Ⅱ均由变压器供电；外电源中断时，变压器出线开关断开，联络开关也断开，自备发电机供电，这时只有Ⅰ段母线带电，作为办公室等重要负荷用电。在一定的条件下，也可Ⅰ、Ⅱ段母线全部带电，再根据实际情况断开某些负荷，只要发动机不超载即可。

（4）馈电电路

由配电屏向电力负荷供电的电路称为馈电电路，也称馈线。本系统共有10个回路馈电线，其中第①回路和第⑨回路是备用线。

下面以第⑧回路为例加以说明。第⑧回路由4号配电屏控制，该回路供附属工厂用电，安装容量为182kW，计算容量为93kW。该回路采用HD型刀开关（额定电流400A）和DW10型断路器联合控制。断路器的额定电流为400A，动作整定电流为500A。该回路装有3个电流互感器，电流比为300/5，供测量仪表用。

电路采用架空线，全电路的电压损失为4.6%，是符合要求的。

【重要提醒】

本例在分析时，省去了一些计算步骤，直接给出计算结果，降低了阅读难度。读者若对计算过程有兴趣，可自己动手算一算。

2. 6~10/0.4kV一次回路图识读

如图3-20所示为6~10/0.4kV高压配电电力系统一次回路图。

由6~10kV架空线或电缆引入，经高压隔离开关QS和高压断路器QF送到变压器T；当负荷较小（如315kVA及以下）时，可采用跌落式熔断器FU₁、隔离开关QS₂、熔断器FU₂；也可以采用负荷开关Q和熔断器FU₃对变压器实施高压控制。

经变压器T降压为400/230V低压后，进入低压配电室，经低压总开关（空气断路器或负荷开关）送到低压母线，再经过低压刀开关Q和熔断器或其他开关送至各用电场所。

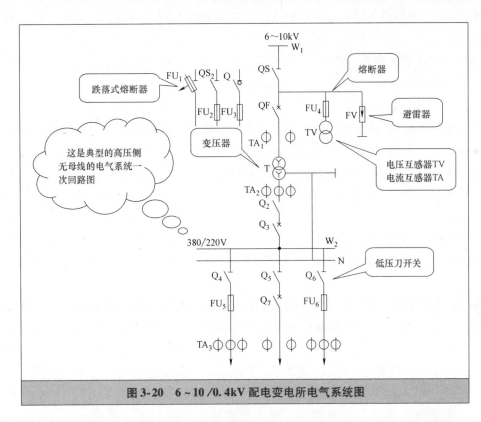

图 3-20   6 ~ 10 /0.4kV 配电变电所电气系统图

高、低压侧均装有电流互感器及电压互感器，用于测量及保护。电流互感器的二次绕组与电压互感器的二次绕组分别接到电能表的电流绕组和电压绕组，以便计量电能量损耗。电流互感器二次绕组还接通电流表，以便测量各相电流，并供电给电流继电器以实现过电流保护。电压互感器的二次绕组接到电压表，以便测量电压，并供电给绝缘监测用的仪表。

为了防止雷电波沿架空线侵入变电所，在进线处安装有避雷器 FV。

【重要提醒】

一些大中型工矿企业的负载较大，高压供电线必须深入到工矿企业内部。高压配电一般采用 10kV，但若 3 ~ 6kV 高压用电设备负载较大，也可采用 3 ~ 6kV 配电。3 ~ 10kV 高压配电方式通常按照负荷大小、设备容量、供电可靠性、经济技术指标等不同的要求，分别采用放射式、树干式和环状式等供电方式。

3.3   二次回路图识读

3.3.1   识读二次回路图的基本途径

1. 二次回路识图基本方法

看电气二次回路图的基本方法是，把一个整体二次电路按功能和层次分为几个环节

（相当于几个小回路或支路）和几个层次，先逐一对各个环节分别进行分析，然后再综合起来看全图。

例如，在控制电路中，按功能可分为合闸回路、跳闸回路，再进一步划分为手动合闸、自动合闸回路及手动跳闸、保护跳闸回路等。

2. 二次回路识图顺序

1）先弄清该二次系统所控制的设备是哪种类型的一次设备。二次回路都是为一次系统和被控制的设备服务的，不同的设备有其基本的控制要求和控制方式。被控制设备基本类型有发电机、电动机（指单负荷电动机如风机、水泵）、变压器、电力线路、整组电动机拖动的机电设备（包括机床、成型机械设备、运输起吊设备等）、其他动力的机械设备（例如液压动力与空气动力）等。其二次回路都有各自基本的控制方式和回路形式。

2）看图时应先搞清主设备（主系统、一次系统）电路，然后看再二次系统电路；先搞清基本控制方式，再看具体电路。如果先看或只看局部电路，就有可能会出现误判断的情况。

3）看机电设备的电气控制图，很重要的一条就是要搞清机械本身的工作过程和各工作流程之间的关系以及各相关部位（例如装限位开关的部位）的动作情况，然后再看电路图。

4）许多二次回路都有一些关键环节，有的二次回路中还有特殊环节，看图时找出图中的特殊环节和关键环节，先搞清这些环节的动作过程，再全面看电路图。例如，在由电容器充放电使继电器动作的电路中，应先把这部分电路如何动作看明白，再进一步往下看。

5）二次回路图的种类很多，掌握各类图的互换与绘制方法，是阅读二次回路图的一个十分重要的方法。对于某一个具体的设备、装置和系统，这些图则是从不同的角度及不同的侧面对同一对象采用不同的描述手段。显然，这些图存在着内部的联系。因此，读各种二次回路图应将各种图联系起来阅读。

【知识窗】

二次回路

用于监测运行参数（电流、电压、功率等）、保护一次设备、自动进行开关投切操作的部分称为二次系统，其设备称为二次设备（如测量仪表、保护装置、自动装置、开关控制装置、操作电源、控制电源等），由这些设备组合起来的电路叫二次回路。二次回路包括控制系统、信号系统、监测系统及继电保护和自动化系统等。

二次回路配合一次回路工作，构成一个完整的供配电系统。二次设备的主要作用是对一次设备的工作进行监测、控制、调节、保护，它们还可为运行、维护人员提供运行工况或生产指挥信号，如熔断器、控制开关、继电器、计量和测量表计、控制电缆等。

二次回路按电源性质分为直流回路和交流回路。直流回路是由直流电源供电的控制回路（电动回路和自动回路）、保护回路和信号回路；交流回路又分交流电流回路和交流电压回路。交流电流回路由电流互感器供电，交流电压回路由电压互感器或所用变压器供电，构成计量和测量、控制、保护、监视、信号等回路。

二次回路按其用途分为断路器控制（操作）回路、信号回路、测量回路、继电保护回路和自动装置回路等。

二次回路的主要特点是元器件多、接线复杂。一座中等容量的 35kV 工厂变电所，一次设备一般约为 50 台（件），而其二次设备却可达到 400 多件。一次设备通常只是相邻连接，导线只有 2～4 根（单相 2 根，三相三线制 3 根，三相四线制 4 根），而二次设备之间的连接导线注注跨越较远的距离，交错相连，接线相当复杂，是变配电装置中读图的难点。

3. 二次回路识图要领

二次回路图的逻辑性很强，在绘制时遵循着一定的规律，看图时若能抓住此规律就很容易看懂。看图的要领如下：

（1）先交流，后直流

一般说来，交流回路比较简单，容易看懂。因此识图时，先看二次接线图的交流回路，把交流回路看完弄懂后，根据交流回路的电气量以及在系统中发生故障时这些电气量的变化特点，向直流逻辑回路推断，再看直流回路。

（2）交流看电源，直流找线圈

看交流回路要从电源入手。交流回路有交流电流回路和电压回路两部分，先找出电源来自哪组电流互感器或哪组电压互感器，在两种互感器中传输的电流量或电压量起什么作用，与直流回路有何关系，这些电气量是由哪些继电器反映出来的，找出它们的符号和相应的触头回路，看它们用在什么回路，与什么回路有关，在心中形成一个基本轮廓。

（3）抓住触头，逐个查清

继电器线圈找到后，再找出与之相应的触头。根据触头的闭合或断开引起回路变化的情况，再进一步分析，直至查清整个逻辑回路的动作过程。

（4）先上后下，先左后右，屏外设备一个也不漏

这个识图要领主要是针对端子排图和屏后安装图而言。展开图上凡屏内与屏外有联系的回路，均在端子排图上有一个回路标号，单纯看端子排图是不易看懂的。端子排图是一系列的数字和文字符号的集合，把它与展开图结合起来看就可清楚它的连接回路。

3.3.2　常用的二次回路图

1. 故障电流跳闸控制电路图

如图 3-21 所示是利用故障电流跳闸的两种形式。

图 3-21a 所示采用了中间电流互感器 2TA，它具有饱和倍数低的特点，所以也称为速饱和电流互感器。在其一次绕组中的电流成倍数地增大时，二次绕组中的电流并不按比例增大，而是只增长一个不大的数值（例如只能达到正常电流的 1.5 倍）。由于这个特点，它的二次绕组是允许开路的。所以它的二次绕组经保护继电器 1KA、2KA 的动合触头与断路器的跳闸线圈 1YR、2YR 连接，当本线路发生短路故障，电流增大，过电流保护动作后，电流继电器触头接通，跳闸线圈利用故障电流吸起铁心而顶开机构使断路器跳闸。这

种接线方式电流互感器二次绕组不会开路，但要注意电流互感器1TA的二次负荷不得超过规定值。

图3-21b所示是电流互感器的二次电流直接跳闸的接线。正常运行时，电流互感器TA二次绕组是经过过电流继电器1KA、2KA的动断触头和线圈构成闭合回路的，而且跳闸线圈1YR、2YR被过电流继电器1KA、2KA的动断触头短接，所以正常运行时虽回路中流过线路的二次工作电流，但不会跳闸。线路故障时，1KA、2KA过电流继电器动作，其动合触头先闭合，动断触头后打开，跳闸线圈中通过电流而使断路器跳开。

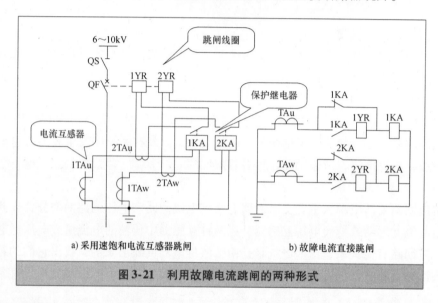

a) 采用速饱和电流互感器跳闸   b) 故障电流直接跳闸

图3-21　利用故障电流跳闸的两种形式

【重要提醒】

电流互感器二次电流直接跳闸的接线时，要注意过电流继电器必须是动合触头先闭合，动断触头后打开，否则会造成电流互感器二次回路开路的危险。

2. 变压器差动保护电路

差动保护一般装设于10000kVA以上的变压器，保护变压器各侧电流互感器装设地点范围内的短路故障，所以可保护变压器内部绕组和外部的引线套管等故障，是变压器的主保护。装设差动保护的一般不再装设电流速断保护。

差动保护是利用比较变压器高低压各侧的电流平衡原理实现的。单电源变压器差动保护电路如图3-22a所示。

（1）正常运行时

在正常运行时，差动回路内的电流大小相等，方向相反，相位相同，两者刚好抵消，差动电流等于零；故障时，比较被保护元件（主变压器）始端和末端的电流不平衡，电流流向故障点，在差动回路内电流叠加，差动电流大于零。

通过把高低压侧电流互感器的二次回路连接在一起的接线方式，就能实现正常时电流只在互感器二次绕组之间流通，而不流过继电器。

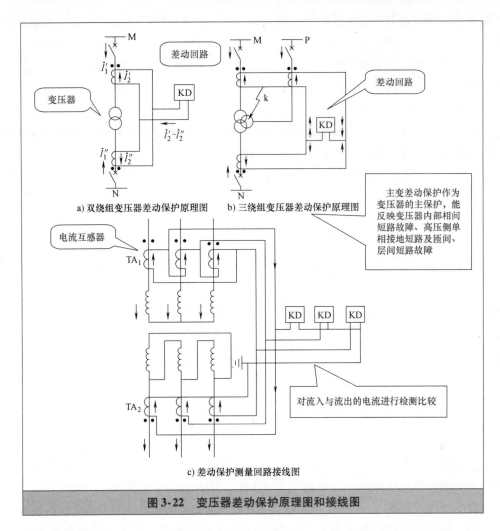

a) 双绕组变压器差动保护原理图　　b) 三绕组变压器差动保护原理图

c) 差动保护测量回路接线图

图 3-22　变压器差动保护原理图和接线图

　　例如，某台 6/0.4kV 的变压器高压侧的额定电流为 100A，低压侧的额定电流为 1500A，则高压侧选用 100/5A 的电流互感器，低压侧选用 1500/5A 的电流互感器。可见，两互感器二次电流必定是相同的。

（2）单电源时区内故障

　　如果变压器是单电源，即只有高压侧是电源，当保护范围内有故障时，电源（高压侧）向故障点输送故障电流，而负荷侧无故障电流流过，破坏了平衡状态，继电器中流过电流而动作跳闸切断故障。

（3）双电源时区内故障

　　如果变压器是双电源，即高低压侧都有电源，当保护范围内故障时，高压侧和低压侧都向故障点输送故障电流，差动继电器中的电流为两侧的电流之和，保护动作。

（4）保护区外故障

　　当保护范围外发生故障时，虽然电流大大增加，但两侧互感器流过的电流一样大，仍然是平衡的，所以继电器中仍然无电流流过，保护不会动作。

图 3-22b 所示是三绕组变压器差动保护的原理；图 3-22c 所示是变压器差动保护测量回路的实际接线。它的接线特点是变压器的主绕组是 △/Y 联结，所以主绕组为星形联结的电流互感器二次绕组接成三角形联结，而主绕组为三角形联结的电流互感器二次绕组接成星形联结，以便让两个二次绕组中的电流相位一致。

3. 电力电容器过电压保护电路

电容器过电压保护，是确保电力电容器在不超过规程规定的最高允许电压下和规定的时间内动作的一种保护措施，其保护原理接线图如图 3-23 所示。

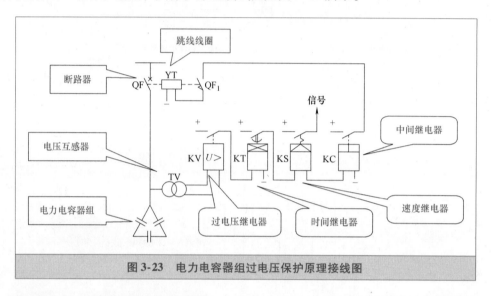

图 3-23 电力电容器组过电压保护原理接线图

当电容器组有专用的电压互感器时，过电压继电器 KV 接于专用电压互感器的二次侧；如无专用电压互感器时，则将电压继电器接于母线上电压互感器二次侧。

正常运行时，电压互感器二次输出额定电压，过电压继电器 KV 不动作；当电容器上电压升高，超过动作电压整定值时，过电压继电器 KV 动作，经过时间继电器 KT 延时，跳线线圈失电，脱扣器动作使断路器跳闸。

【重要提醒】

电力电容器组过电压定值应按照电容器端电压不长时间超过 1.1 倍电容器额定电压的原则整定，过电压保护动作时间应在 1min 之内。

4. 电动机欠电压保护装置

电动机欠电压保护装置原理接线图如图 3-24 所示。图中欠电压继电器 1KV、2KV、3KV 及时间继电器 1KT、信号继电器 1KS、中间继电器 3KC 构成次要电动机的欠电压保护，以 0.5s 跳闸。欠电压继电器 4KV、时间继电器 2KT、信号继电器 2KS 及中间继电器 4KC 构成不允许"长期"失电后再自起动的重要电动机的欠电压保护。1KV ~ 4KV 都接在线电压上，3KV ~ 4KV 采用的熔断器 4FU、5FU 的额定电流比 1FU ~ 3FU 的额定电流大两级，电压互感器高压侧隔离开关 QS、低压侧刀开关 QK 的辅助触头控制着欠电压保护的直流回路。

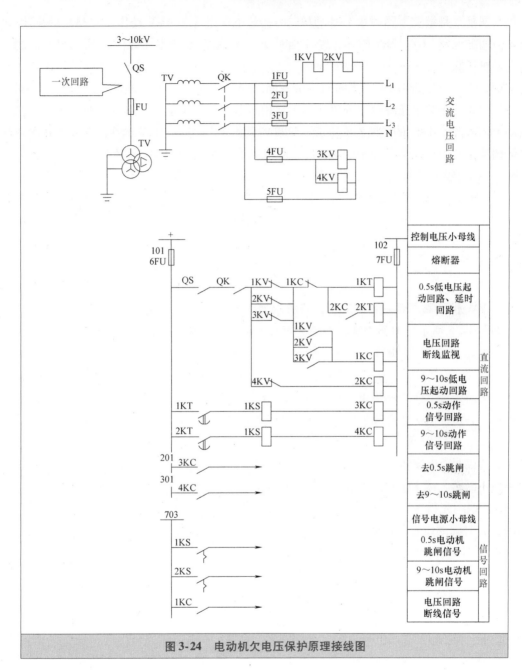

图 3-24　电动机欠电压保护原理接线图

保护装置的动作过程如下：

1）正常运行时，欠电压继电器 1KV ~ 4KV 的动断触头全部断开，欠电压保护不会动作。

2）当母线电压消失或对称下降到 $0.6 ~ 0.7U_{N.M}$ 时，欠电压继电器 1KV、2KV 和 3KV 均动作，其动断触头闭合，通过中间继电器 1KC 的动断触头（此时因 1KV、2KV、3KV 的动合触头断开，1KC 线圈未通电）起动用时间继电器 1KT，1KT 的动合触头延时 0.5s 闭合，接通中间继电器 3KC 的线圈，3KC 动合触头闭合，把次要的电动机切除。若母线电压仍未恢复，且继续下降到 $0.4 \sim 0.5 U_{N.M}$ 时，欠电压继电器 4KV 动作，其动断触头闭合，起动时间继电器 2KT，2KT 的动合触头延时 $9 \sim 10s$ 闭合，把不允许"长期"自起动的重要电动机切除。

3）当电压互感器回路一次侧或二次侧断线时，甚至二次侧熔断器 1FU ~ 3FU 同时熔断，至少有一个欠电压继电器因仍处在正常相间电压下而不动作，其动合触头闭合，从而启动 1KC 线圈，1KC 的动断触头断开，切断时间继电器 1KT、2KT 的线圈回路，将欠电压保护闭锁，避免了保护误动作。同时，1KC 的动合触头闭合，接通预告信号回路，发出"电压回路断线"信号。

4）当电压互感器一次侧隔离开关 QS 或二次侧刀开关 QK 因误操作而断开时，其在直流回路中的辅助触头 QS 或 QK 也将断开，切断保护的直流电源，从而防止了保护误动作。

3.3.3 二次回路看图实例

1. DW 型断路器电磁合闸二次回路图识读

如图 3-25 所示是 DW 型断路器的交直流电磁合闸电路。

该电路由合闸线圈 YO、合闸接触器 KO、时间继电器 KT 等组成。要使断路器合闸，必须先使 YO 线圈得电；要使 YO 线圈得电，必须使 KO 动合触头闭合，即必须使 KO 接触器线圈得电。要使 KO 线圈得电，必须满足 SB 按钮闭合，同时 QF 的动合触头不断开，或 KO 的动合触头闭合（必须是 KO 线圈先得电后，才能闭合，起自保作用）且时间继电器的动断触头不断开。

当按下按钮 SB 时，合闸接触器 KO、时间继电器 KT 得电，KO 的动合触头闭合后，合闸电磁铁线圈 YO 得电，断路器合闸；KO 的另一个辅助触头 KO（1-2）自

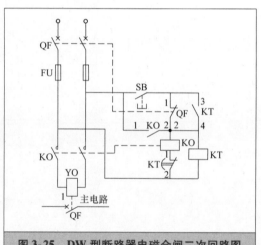

图 3-25 DW 型断路器电磁合闸二次回路图

保。时间继电器 KT 延时时间之后，其动断触头断开，使 KO 线圈失电，其动合触头断开，切断合闸回路，使合闸线圈的通电时间为 KT 的延时时间。

KT 动合触头的"防跳"过程： 当合闸按钮 SB 按下不返回或被粘住，而断路器 QF 所在的电路存在着永久性短路时，则继电保护装置就会使断路器 QF 跳闸，这时断路器的动断触头 QF（1-2）闭合。若没有时间继电器 KT 及其动断触头 KT（1-2）和动合触头 KT（3-4），则合闸接触器 KO 将再次自动通电动作，使合闸线圈 YO 再次通电，断路器 QF 再次自动合闸。由于是永久性短路，继电保护装置又要动作，使断路器再次跳闸。这时 QF 的动断触头又闭合，又要使 QF 再一次合闸。如此反复地在短路状态下跳闸、合闸（称为"跳动"现象），将会使断路器的触头烧毁而熔焊在一起，使短路故障扩大。因此，

增加时间继电器 KT 后，在 SB 不返回或被粘住时，时间继电器 KT 瞬时闭合的动合触头 KT（3-4）闭合，保持了 KT 有电，这样 KT 的动断触头 KT（1-2）打开，不会在 QF 跳闸之后再次使 KO 有电，断路器再次合闸，从而达到了"防跳"的目的。

2. 备用电源自动投入二次回路接线图识读

如图 3-26 所示为某备用电源自动投入的回路接线图，该二次回路由交流电流电压测量部分和直流控制回路组成。

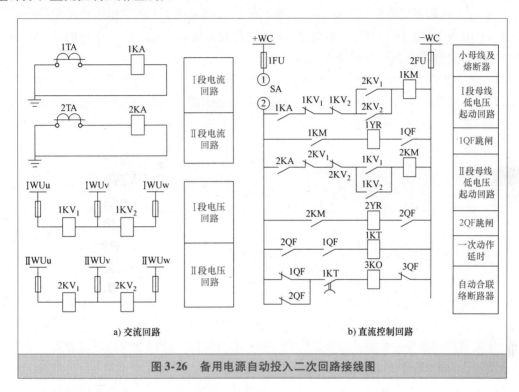

a) 交流回路　　　　　　　　　b) 直流控制回路

图 3-26　备用电源自动投入二次回路接线图

（1）电压测量回路

由分别测量两段母线电压的欠电压继电器 $1KV_1$、$1KV_2$ 和 $2KV_1$、$2KV_2$ 构成，作用是当母线失电时触头闭合起动控制回路跳开原来工作的断路器 1QF 或 2QF，它是起动控制回路的主要条件之一。

（2）电流闭锁回路

测量线路 Ⅰ 段电流回路的电流继电器 1KA 和测量线路 Ⅱ 段电流回路的电流继电器 2KA 组成电流闭锁回路，其作用是只有该线路电流增大同时该段母线电压降低时，控制回路中的中间继电器 1KM 或 2KM 才能动作去跳开 1QF 或 2QF。

（3）合闸控制回路

1）在控制回路中接有一个延时返回的时间继电器 1KT，该继电器受主电路工作断路器 1QF 和 2QF 的动合辅助触头控制。在主电路的工作断路器 1QF、2QF 都处于合闸位置时，继电器 KT 带电吸合；在主电路的工作断路器 1QF 和 2QF 中的任何一个跳闸后，KT 因断路器的动合辅助触头断开而失电，开始其延时释放的过程。时间继电器 KT 的动合触头串接在备用断路器 3QF 的合闸回路中，其延时时间（也就是动合触头在线圈失电后继续保持接通的时间，一般为 0.5~0.8s）应能保证备用断路器可靠合闸一次。

2）只有当备用电源有电时（由电压继电器 $1KV_1$、$1KV_2$ 和 $2KV_1$、$2KV_2$ 测量，有电时动合触头闭合）才允许接通工作断路器的跳闸回路，即允许 1KM 或 2KM 动作。

3）在工作断路器跳闸后，备用断路器 3QF 的合闸元件 KO 在工作断路器的动断辅助触头（1QF 或 2QF）闭合而时间继电器 KT 的动合触头尚未返回（即打开）的这段时间内动作，将备用断路器 3QF 合闸投入。

4）备用断路器 3QF 在合闸一次后，由于时间继电器 KT 的动合触头因延时时间已到而断开，所以备用断路器 3QF 可在故障母线保护动作时将其跳开，不会引起再次合闸。也就是说保证装置只能合闸一次。

5）SA 是装置的投入和退出的转换开关。

3.4　工厂动力系统平面图

3.4.1　动力系统平面图简介

1. 动力系统平面图的主要内容

动力系统平面图主要表示动力电路的敷设位置、敷设方式、导线规格型号、导线根数、穿管管径等，同时还要标出各种用电设备（如电动机、插座等）及配电设备（配电箱、开关等）的编号、数量、型号及安装方式，在连接线上标出导线的敷设方式、敷设部位以及安装方式等。

在一个电气动力工程中，由于动力设备比照明灯具数量少，且多布置在地坪或楼层地面上，采用三相供电，配线方式多采用穿管配线。

例如，如图 3-27 所示为某车间的动力配电平面图。

该车间系爆炸危险性场所，安装时应严格按照防爆规范及有关电气装置国家标准图集规定要求施工，并选用有关防爆电器，如防爆电动机、防爆按钮盒等。接地形式采用 TN-S 系统，电缆中第四根芯线作 PE 线接电动机外壳，同时穿线钢管也作为 PE 线，两者在配电室同时接到 PE 母线端子上，引至室外与接地极相连，接地电阻不大于 4Ω。A1~A5 为控制柜，其引至各用电设备的导线（聚氯乙烯绝缘护套电力电缆 VV 和控制电缆 KVV），穿在水煤气管内埋地暗敷设。电源进线电缆 VLV22-1.0-3×95+1×35 采用埋地暗敷设。

2. 动力系统平面图的标注法

在平面图上标注的内容要与配电系统图上的内容相一致，便于在施工安装时相互对照，如图 3-28 中图 a 平面图应与图 3-28b 系统图相对应。

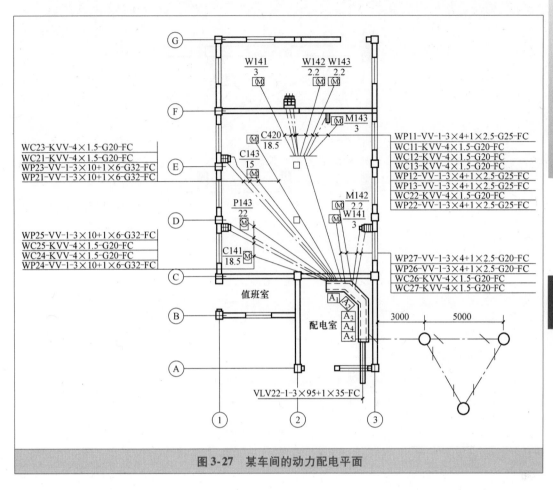

图 3-27　某车间的动力配电平面

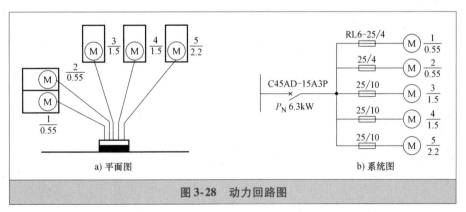

a) 平面图　　　　　b) 系统图

图 3-28　动力回路图

3. 施工平面图

　　在画施工平面图时，可在简化了的土建平面图上，用小圆圈来表示动力用电设备的出线口，用于做防水弯头与地面内伸出来的管子相连接。如图 3-29 所示为某加工车间动力配电施工平面图，图中表明车间动力配电箱的型号为 XL（F）21-4100；动力管线用穿钢管保护铜芯塑料绝缘线，导线根数均为 4 根等。

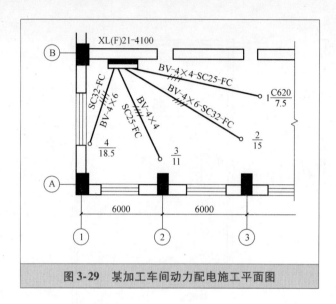

图 3-29　某加工车间动力配电施工平面图

【知识窗】

动力配电平面图的常用符号

在动力配电平面图上，经常要说明线路施工的其他问题，如导线走向、照明情况等。用于说明这些问题的符号见表3-1。

表3-1　动力配电平面图上的一些常用符号

序　号	名　　　称		图形符号	备　　注
1	走线槽	地面明槽		
		地面暗槽		
2	线槽内配线			*注明回路号及导线极数和截面
3	电缆桥架			*注明回路号及电缆芯数和截面
4	向上配线			
5	向下配线			
6	垂直通过配线			
7	盒（箱）一般符号		○	
8	连接盒或接线盒		⊙	
9	伸缩缝，沉降缝穿线盒			

（续）

序号	名　称		图形符号	备　注
10	导线、导线组、电线、电缆、电路、传输（如微波技术）线路、母线（总线）	一般符号	——————	1）当用单线表示一组导线时，若需示出导线数，电力线和照明干线可加标注线标注所选导线数，照明支线可加小短斜线或画一条短斜线加数字表示，当未画短斜线时，则表示为两根导线 2）照明支线除图上注明外，均选用 BV-2.5 聚氯乙烯绝缘铜线
		示出三根导线	——///——	
		示出三根导线	——／3——	
11	引入、引出线	引入线	————→	1）电力电缆由地下引入、引出时，埋地深度除图上注明外，一般为电缆上皮距室外地面为 800mm 2）220/380V 架空线路引入、引出时，管线与首层屋面平，但从支持绝缘子起距室外地面不小于 2.7m
		引出线	←————	
12	挂在钢索上的线路		⊢— — — —⊣	
13	应急照明线路		— — — — — —	除图上注明外，应急照明及低压线路选用 BV-2.5 聚氯乙烯绝缘铜线，控制及信号线路选用 BV-1.0 聚氯乙烯绝缘铜线
14	50V 及以下电力和照明线路		— · — · — · —	
15	照度		Ⓐ	A 照度值（lx）

3.4.2 动力系统平面图识读实例

某车间动力线路平面图如图 3-30 所示。该图为采用线路暗敷设方式的车间动力线路平面图，其线路及有关预埋件需要与土建同步施工安装。

从图中可以看出，车间内有动力设备 18 台，由于动力设备较多，只能按照一定的顺序依次分析。车间大门在东西两侧，车间的动力配电室在车间西北角，照明配电箱（柜）在西门北侧，动力和照明电源由车间西北侧分别引入。

（1）看电源电路

1）照明配电箱（柜）的电源，从车间西北角采用 BBX-（4×4）DG25 引入。即用 4mm² 棉纱编织橡皮绝缘铜导线 4 根，穿直径为 25mm 的金属管引入到照明配电箱（柜）。并由此处再将电源引向楼上。电源进户方式需看图样说明。

2）动力配电屏 BSL 的电源，采用 BBLX-（3×70）G70 引入。即用 70mm² 棉纱编织橡皮绝缘铝导线 3 根，穿直径为 70mm 的金属管引入到动力配电屏。电源进户方式需看图样说明。动力配电屏 BSL 一般由专业厂家生产，施工人员所做工作是将配电屏进行固定、接地、接入电源和引出负荷线路。

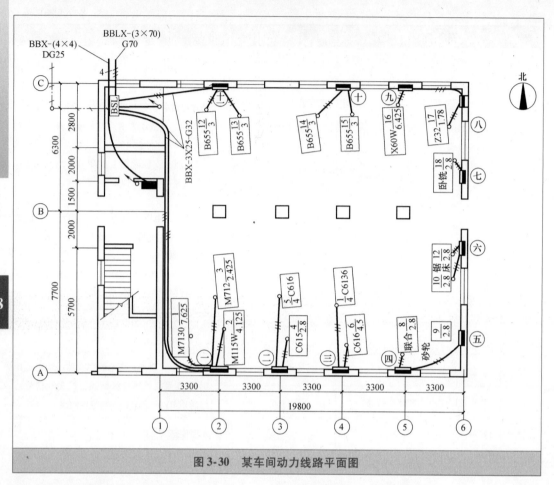

图 3-30　某车间动力线路平面图

（2）看控制箱、配电屏

1）本车间内共有设备控制箱 11 个，暗装于墙上，距地高度应不低于 1.4m。1 号控制箱为一路，分别控制 M7130、M115W、M712 等 3 台设备。2～6 号控制箱为一路，7～11 号控制箱为一路。控制箱内的配线安装可参阅相关的系统图。

2）从动力配电屏 BSL 处引出供电电路 4 条。其中本车间敷设 3 条线路，另一条线路由配电室引到楼上，供给楼上的设备使用。本车间内的 3 条线路，使用直径为 32mm 的金属管进行敷设，内穿 BBX-3×25 导线，即 3 根 25mm² 棉纱编织橡皮绝缘铜导线，分别引至车间内各控制箱。

（3）看线路

1）本车间的接地装置安装在车间外西北角 C 轴处。接地线穿墙引入到动力配电屏 BSL 处。接地装置安装时，距建筑物的水平距离不应小于 3m，接地体的埋设深度要求距地面不应小于 0.6m，接地极不应少于 3 根，长度不应小于 2.5m，地面以下接地干线应使用截面积不小于 48mm² 的镀锌扁钢，地面以上的接地干线应使用不小于 6mm² 的绝缘铜软导线。

2）从控制箱到设备之间的电气线路敷设。本段电路敷设时应在土建地面未曾抹灰之前进行，这样可以使金属管尽量减少弯曲次数，以利于穿线施工。金属管的管径大小应视设备所需导线的截面积而定，但应注意穿管导线的最小截面要求为铜导线截面积不应小于 $1mm^2$，铝导线截面积不应小于 $2.5mm^2$。这一点是安装标准中明确规定的，本图中并未标出。

金属管在设备一端引出地面的高度和位置，应查阅相关设备的资料而定。做法是金属管引出地面后，在金属管口套丝并装设防水帽，再将导线通过金属软管或塑料软管（俗称蛇皮管）引入到设备的接线盒。注意此段线路不可过长。

按照本图线路进行施工时，要注意金属管连接时焊跨接线，以保证金属管能够良好的接地。金属管在引入和引出控制箱时，应用锁母拧紧并在金属管口处装设塑料护口，以防穿线施工时刮伤导线。控制箱的箱体应与金属管进行电气上的连接，以利于接地。

(4) 看设备

1) 车间内各种机器设备的安放位置，应查阅相关资料，本图中的符号不能确定其准确位置。另一方面不同的机器设备的电源接线盒位置也不相同，施工中如果电源线从地面引出的位置不对，将会给施工带来很多不便。

2) 图中机器设备符号的含义如下：分数前面的符号是设备的型号，如 M712、卧铣等；分式中分子为设备编号，分母为设备的总功率，单位为 kW。如 C616，即 6 号设备，总功率为 4.5kW。施工中可根据设备的功率计算其工作电流并决定选用导线的规格。

【重要提醒】

理清电源的来龙去脉是看懂本图的关键。本图中的电源涉及照明配电箱（柜）的电源和动力配电屏 BSL 的电源两大部分。此外，本图涉及的设备控制箱 11 个，线路连接情况比较复杂。在看图时，可按照"看电源→看控制箱、配电屏→看线路→看设备"的步骤顺序进行。

第4章

电动机控制电气图识读

4.1 电动机控制电气图识读基础

4.1.1 电动机控制电路中常用的图形符号（见表4-1）

表4-1 电动机控制电路中常用的图形符号

图形符号	说　明	图形符号	说　明
	动断触头（又称为常闭触头）		动合触头（又称为常开触头） 注意：该符号也可作为开关一般符号
	隔离开关	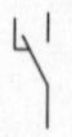	先断后合的转换触头
	当操作器件被吸合时延时闭合的动合触头		当操作器件被吸合时延时断开的动断触头
	当操作器件被释放时延时闭合的动断触头	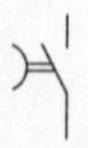	当操作器件被释放时延时断开的动合触头
	位置开关，动合触头；限制开关，动合触头	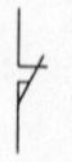	位置开关，动断触头；限制开关，动断触头

（续）

图形符号	说　明	图形符号	说　明
	接触器（在非动作位置触头断开）		按钮（不闭锁）
	多极开关一般符号，单线表示	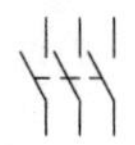	多极开关一般符号，多线表示
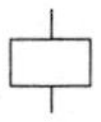	操作器件一般符号	 Ⓜ	交流电动机
	熔断器一般符号		

4.1.2　常用电动机控制电气图简介

1. 电动机控制电气图的类型

电动机控制电气图属于电气设备控制图，可分为电路原理图、安装接线图和器件平面布置图。各种图的命名，主要是根据其所表达信息的类型和表达方式而确定的，见表4-2。

表4-2　常用电动机控制电气图

电 气 图	表达的信息	表达方式
电路原理图	主要表示电气设备和元器件的用途、作用和工作原理等	依据电路的工作原理，采用规定的电气符号绘制
安装接线图	主要表示电气设备和元器件的实际位置、配线方式和接线关系，不明显表示电气动作原理等	图形符号、文字符号和回路标记均与电路图中的标号一致
元器件平面布置图	主要表示元器件在控制板上的实际安装位置，主要用于安装接线的检修	采用简化的外形符号绘制，各电器的文字符号必须与控制原理图和安装接线图的标注相一致

【重要提醒】

在电气安装及维修工作中，控制原理图、安装接线图和元器件平面布置图要结合起来使用。

2. 电路原理图

电路原理图简称电路图，用于分析控制线路的工作原理（但不考虑其实际位置）。它根据简单、清晰的原则，采用电气元件展开的形式绘制而成。电路图包括系统中所有电气元件的导电部件和接线端点、反映了电器之间的连接关系。电路图是绘制电气接线图的依据，可指导系统或设备的安装、调试与维修。

电动机控制电路图一般由三部分组成，即电源电路、主电路和辅助电路（包括控制电路、保护电路、信号电路和照明电路）。比较简单的电气控制电路中一般没有信号电路和局部照明电路，大多数控制系统中控制电路和保护电路融为一体，此时可将其统称为控制电路。

电动机点动正转控制电路原理图如图 4-1 所示，其各组成部分的作用及特点见表 4-3。

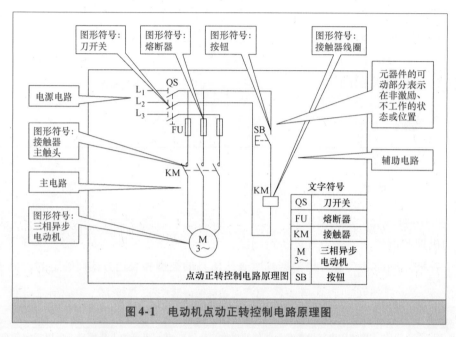

图 4-1　电动机点动正转控制电路原理图

表 4-3　电动机控制电路图各组成部分的作用及特点

电　路	别　　称	作　　用	电流特点	电路画法
电源电路	开关电路	为主电路、用电器和辅助电路提供总电源	电流大	习惯上画成水平线，依相序自上而下或从左至右画出，电源开关水平画出
主电路	一次电路	是电气控制电路中负载电流通过的电路，就是从电源到电动机的大电流通过的电路，由电源开关、接触器的主触头、热继电器的热元件、电动机定子绕组等组成。主电路是受辅助电路控制的电路	电流大	习惯上用粗实线画在图样的左边或上部
辅助电路	二次电路	辅助电路包括控制电路、保护电路、各种联锁电路、信号报警电路等，有些还含有局部照明。辅助电路由继电器和接触器的线圈、继电器的触头、接触器的辅助触头、按钮、照明灯、信号灯、警铃（或电笛）、控制变压器等电气元件组成。辅助电路为主电路发出动作指令信号	电流回路多，但电流小，一般不超过 5A	习惯上用细实线画在图样的右边或下部

【重要提醒】

电路图是电气控制系统图中最重要的图样，也是识图的难点和重点。

电路图和接线图的根本区别在于：原理图描述的电气元件连接关系仅仅是其功能关系，而不是实际的连接导线。

【知识窗】

电动机控制电路图中的标记

电动机控制电气图中各电器的接线端子用国家标准规定的字母数字符号标记。

1）三相交流电源的引入线用 L_1、L_2、L_3、N（中性线）、PE（保护线）标记，直流系统电源正、负极、中间线分别用 L_+、L_- 与 M 标记。负载端三相交流电源及三相动力电器的引出线分别按 U、V、W 顺序标记。线路采用字母、数字、符号及其组合形式标记。

2）分级三相交流电源主电路采用 U、V、W 后加数字 1、2、3 等来标记，如 U_1、V_1、W_1 及 U_2、V_2、W_2 等。

3）电动机分支电路各接点标记，采用三相文字代号后面加数字来表示，数字中的个位数表示电动机代号，十位数表示该支路各接点的代号，从上到下按数字大小顺序标记。如 U_{11} 表示 M_1 电动机 L_1 相的第一个接点代号，U_{21} 为 M_1 电动机 L_1 相的第二个接点代号，依此类推。电动机绕组首端分别用 U、V、W 标记，尾端分别用 U'、V'、W'标记，双绕组的中点用 U″、V″、W″标记。

4）控制电路采用阿拉伯数字编号，一般由三位或三位以下的数字组成。在垂直绘制的电路中，标号顺序一般由上而下编号；水平绘制的电路中，标号顺序一般由左至右编号。标记的原则是，凡是被线圈、绕组、触头或电阻、电容元件等电器元件所隔开的线段，都应标以不同的线路标记（编号）。

3. 安装接线图

安装接线图简称接线图，按电气元件的实际布置位置和接线方法（不明显表示电气动作原理），采用规定的图形符号绘制，能清楚表明各元器件的安装位置和布线，如图 4-2 所示。接线图便于施工安装，所以在施工现场中得到了广泛的应用。

1）主电路：电源进线塑采用截面为 $4mm^2$ 的 BVR 线，4 根线穿管 SC25（直径 25mm），经过端子排上标号为 L_1、L_2、L_3 三个接线端子和 PE（接地端），穿入直径为 20mm 的电线管，接至 QF，经过 KM_1、KM_2 的并联主触头、发热元件 FR 及端子排上标号为 U、V、W 三个接线端子后，穿管 SC25 引至电动机 M 的接线端。

2）辅助回路：从 KM_1 的主触头的第二相电源侧 FU 后 1 端点引出导线，穿入直径为 16mm 的塑料软管（管中共有 5 根 $1mm^2$ 的 BVR 导线），接到标号为 1 的接线端子，经过该外接端子穿 SC15 钢管（管中共有 5 根 $1mm^2$ 的 BVR 导线）引出，接到工作台停止按钮 STP1。

3）辅助回路：经过 STP 后，导线标号变为 3，然后分别与起动按钮 ST_1、ST_2 的动断触头连接，其中一根导线经过 ST_2 动断触头后标号变为 5，分别接到起动按钮 ST_1 和端子排标号为5的端子上，从端子引入控制箱后，经过线束连到接触器KM1的动合辅助触头，经此触头后，标号变为7。将其引至端子排接线端子7并与ST_1动合触头并联。即控制箱内KM_1动合辅助触头经过外接端子排接线端子5、7与工作台上起动按钮ST_1并联。7号线另引出一根与KM_2的动断闭触头连接，经KM_2后标号变为9，接于接触器KM_1线圈，对控制电路而言，线圈为一负载。因此，经过KM_{11}线圈后，标号变为双号4。再连接热继电器FR动断触头，标号为4，4与L_3相熔断器FU相连，从而构成跨接L_2、L_3相的电源通路。

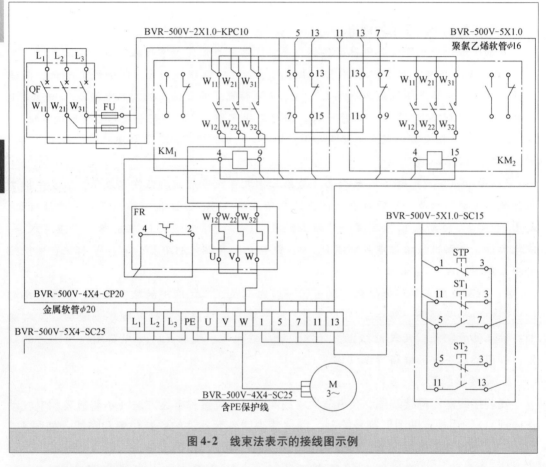

图4-2　线束法表示的接线图示例

接线图是实际接线安装、检修和查找故障时所需的技术文件。接线图上应反映控制柜内、外各电器之间的连接，其回路标号是电气设备之间、电气元件之间、导线与导线之间的连接标记，它的图形符号、文字符号和回路标记均应与电路图中的标号一致。

【重要提醒】

实际安装时，处于不同配电箱（柜、屏）的各电气元件之间的导线连接必须通过接线端子排进行；同一配电箱（柜、屏）内的各电气元件之间的接线可直接相连。因此，在接线图中，应示出接线端子的情况。

4. 元器件平面布置图

元器件平面布置图是根据电气装置、元件在控制板上的实际安装位置，采用简化的外形符号（如正方形、矩形、圆形等）而绘制的一种简图，它不表达各电器的具体结构、作用、接线情况以及工作原理，主要用于电气元件的布置和安装。图中各电气元件的文字符号必须与控制电路图和电气安装接线图的标注相一致。如图 4-3 所示。

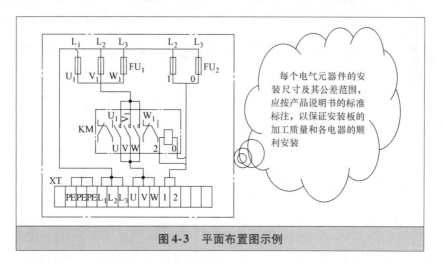

图 4-3　平面布置图示例

4.2　三相电动机控制电路图识读

4.2.1　电动机直接起动控制电路图

1. 点动控制电路图

如图 4-4 所示为三相异步电动机点动控制电路。合上开关 QS，三相电源被引入控制电路，但电动机还不能起动。按下按钮 SB，接触器 KM 线圈通电，衔铁吸合，动合触头接通，电动机定子接入三相电源起动运转。松开按钮 SB，接触器 KM 线圈断电，动铁心松开，动合主触头断开，电动机因断电而停转。

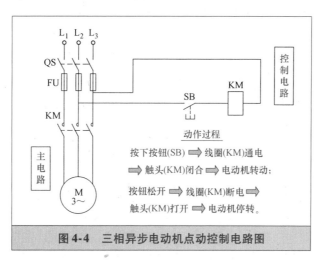

图 4-4　三相异步电动机点动控制电路图

如果需要在两地点动控制一台电动机，则控制电路如图4-5所示。

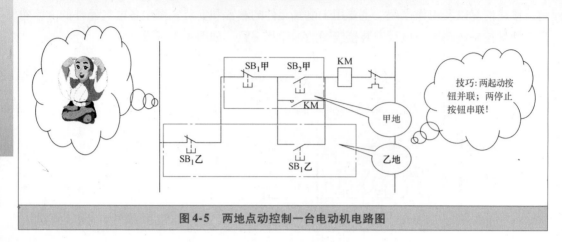

图4-5　两地点动控制一台电动机电路图

【重要提醒】

点动控制不需要交流接触器自锁。单纯的点动控制完全可以用一个控制按钮来实现，由于电动机工作时间比较短，所以点动控制可以不安装热继电器。

2. 连续运行控制电路图

如图4-6所示为电动机连续运行控制电路图。按下按钮SB，线圈KM通电，电动机起动；同时，辅助触头KM闭合，即使按钮松开，线圈保持通电状态（我们把这种工作状态称为自锁，起自锁作用的辅助触头称为自锁触头），从而实现连续运转控制。

按下停止按钮SB_1，接触器KM线圈断电，与SB_2并联的KM的辅助动合触头断开，KM线圈持续失电，串联在电动机回路中的KM的主触头持续断开，电动机停转。

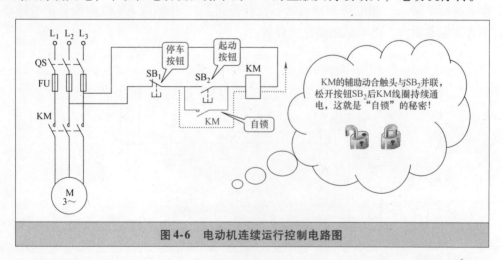

图4-6　电动机连续运行控制电路图

如果需要电动机既可以点动也可以连续运行，可以采用如图4-7所示的电路。

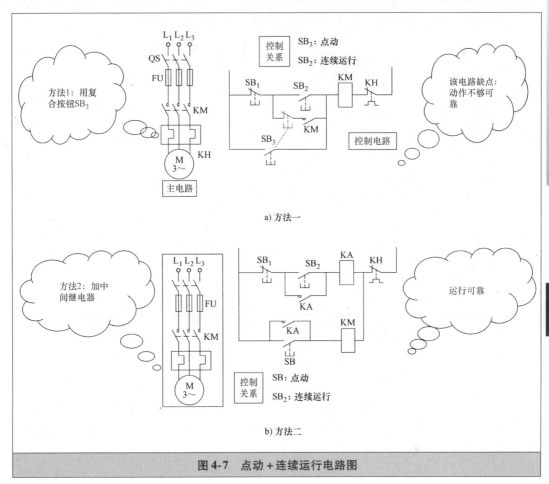

图 4-7　点动 + 连续运行电路图

【重要提醒】

在主电路中的熔断器 FU 起短路保护作用。一旦电路发生短路故障，熔体立即熔断，电动机立即停转。

当电源暂时断电或电压严重下降时，接触器 KM 线圈的电磁吸力不足，动铁心自行释放，使主、辅触头自行复位，切断电源，电动机停转，同时解除自锁。可见，接触器 KM 在电路中具有零电压（或欠电压）保护作用。

【知识窗】

电动机过载保护

在图 4-6 所示电路中，为了防止电动机过载损坏，通常要加入起过载保护的热继电器 FR，如图 4-8 所示。当过载时，热继电器的发热元件发热，将其动断触头断开，使接触器 KM 线圈断电，串联在电动机回路中的 KM 的主触头断开，电动机停转。同时 KM 辅助触头也断开，解除自锁。故障排除后若要重新起动，需按下 FR 的复位按钮，使 FR 的动断触头复位（闭合）即可。

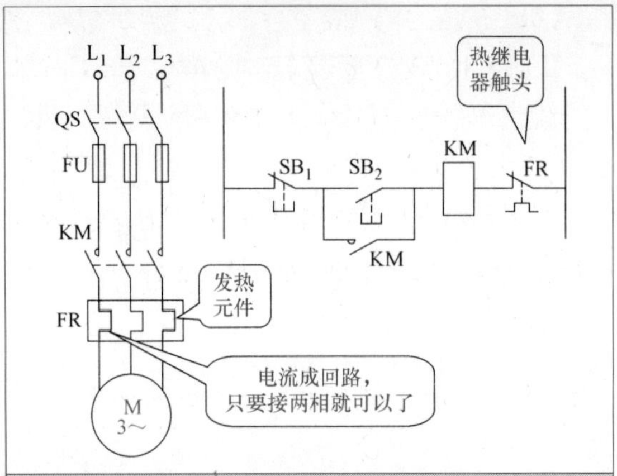

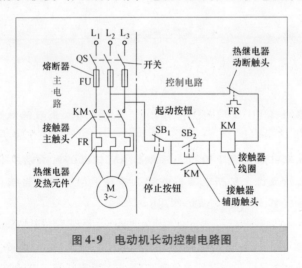

图 4-8　电动机过载保护电路

3. 电动机长动控制电路图（见图 4-9）

1）闭合 QS，接通总电源。

2）起动控制过程：当按下起动按钮 SB$_2$ 后，KM 交流接触器线圈得电吸合，其动合触头闭合后进行自锁，为电动机 M 提供三相交流电，使其得电运转。

由于 KM 触头的自锁作用，当松开 SB$_2$ 以后，控制电路仍保持接通状态，电动机 M 仍继续保持运转状态。所以，我们把这个电路称为电动机长动控制电路。

3）停止控制过程：当需要停机时，按下停止按钮 SB$_1$，KM 线圈断电释放，KM 的主触头断开，KM 辅助触头恢复（失去自锁），电动机因为失去供电就停止运转。

图 4-9　电动机长动控制电路图

4.2.2　电动机减压起动控制电路图

1. Y-△减压起动控制电路图

Y-△减压起动常见的控制电路如图 4-10 所示，下面分别分析它们的起动过程，并对每个线路的主要特点进行分析。

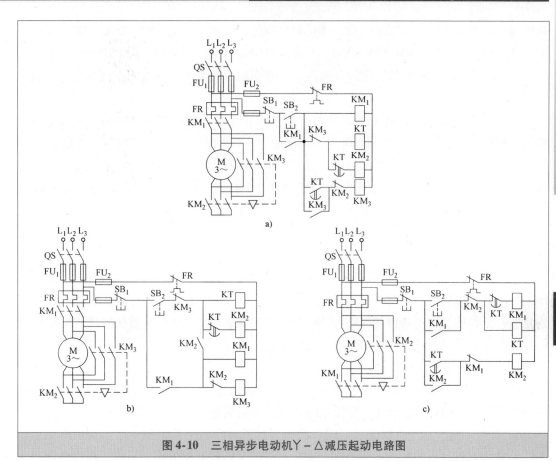

图 4-10　三相异步电动机丫－△减压起动电路图

1）图 4-10a 所示电路，电动机 M 的三相绕组的 6 个接线端子分别与接触器 KM_1、KM_2 和 KM_3 连接。起动时，合上电源开关 QS，接触器 KM_1 主触头的上方得电，控制电路也得电。按下起动按钮 SB_2，接触器 KM_1 和 KM_2 的线圈同时得电（KM_2 是通过时间继电器 KT 的动断触头和 KM_3 的动断触头而带电工作的），此时异步电动机处于丫联结的起动状态，电动机开始起动；由于 KM_2 与 KM_3 串联的动断辅助触头（互锁触头）断开，所以接触器 KM_3 此时不通电。

KM_1 动作后，时间继电器 KT 线圈通电后开始延时，在 KT 经过整定的延时的时间里，异步电动机起动、加速。继电器 KT 延时时间到后，KT 的所有触头改变状态，KM_2 线圈断电，主触头断开，使丫联结的异步电动机的中心点断开；KM_2 线圈断电后，串接在 KM_3 线圈回路的动断辅助触头 KM_2 闭合，解除互锁。KM_2 闭合后，接触器 KM_3 的线圈回路接通，KM_3 动作，其所有触头改变状态。KM_3 线圈通电后，主触头闭合，此时电动机自动转换为△联结运行，进行二次起动；与 KT 动合触头并联的动合触头闭合自锁；与 KT 和 KM_2 线圈串联的动断辅助触头（互锁触头）断开，时间继电器 KT 和接触器 KM_2 线圈断电，起动过程结束。

在图 4-10a 所示的丫－△减压起动电路中，由于 KM_2 的主触头是带额定电压闭合的，要求触头的容量较大，而异步电动机正常运行时 KM_2 却不工作，会造成一定的浪费。同时，若接触器 KM_3 的主触头由于某种原因而熔粘，起动时，异步电动机将不经过丫联结的减压起动，而直接接成△联结起动，减压起动功能将丧失。因此，相对而言该电路工作不够可靠。如果在 KT 和 KM_3 之间增加一个重动继电器（重动继电器实际和中间继电器的含义差不多，一般选用的是快速中间继电器，主要作用一是两个回路之间的电气隔离，二是提供了更多的触头容量），回路就会更加可靠。

2）比较而言，图 4-10b 所示的控制电路可靠性较高。只有 KM_3 动断触头闭合（没有熔粘故障存在），按下起动按钮 SB_2，时间继电器 KT 和接触器 KM_2 的线圈才能通电。KT 线圈通电后开始延时。KM_2 线圈通电后所有触头改变状态。主触头在没有承受电压的状态下将异步电动机接成丫联结；动合辅助触头 KM_2 闭合使接触器 KM_1 线圈通电；与 KM_3 线圈串联的动断辅助触头（互锁触头）断开。KM_1 线圈通电后，主触头 KM_1 闭合，接通主电路，由于此时电动机已经接成丫联结，电动机通电起动；KM_1 的动合辅助触头（自锁触头）闭合，与停止按钮 SB_1 连接，形成自锁。

KT 整定的延时时间到后，动断辅助触头 KT 断开，KM_2 线圈失电，主触头 KM_2 将丫联结的异步电动机的中心点断开，为△联结做准备；与 KM_3 线圈串联的动断辅助触头（互锁触头）复位闭合，使接触器 KM_3 线圈通电。KM_3 通电后，异步电动机接成△联结，进行二次起动，同时与起动按钮 SB_2 串联的互锁触头断开，起动过程结束。由于 KM_2 的主触头是在不带电的情况下闭合的，因此 KM_2 经常可以选择触头容量相对小的接触器。但从实际使用中看，若选择触头容量过小，当时间继电器的延时整定也较短时，容易造成 KM_2 主触头拉毛刺或损坏，这是在实际使用时应该注意的问题。

3）图 4-10c 所示的控制电路只用了两个接触器，实际上是由图 4-10a 所示电路去掉 KM_1 后重新对接触器进行编号而得的。该电路适用于对控制要求相对不高、异步电动机容量相对较小的场合。

【重要提醒】

丫-△减压起动是三相异步电动机常用的起动方法。起动时，电动机定子绕组为丫联结，运行时为△联结，如图 4-11 所示。

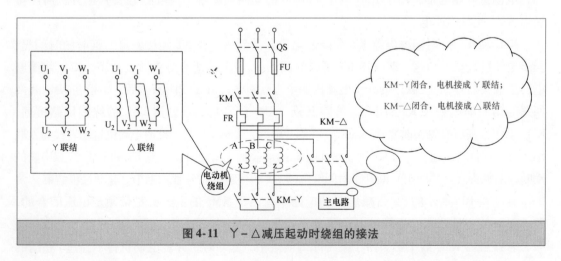

图 4-11 丫-△减压起动时绕组的接法

2. 定子串电阻减压起动控制电路图

如图 4-12 所示是定子串电阻减压起动控制电路，其工作过程如下。

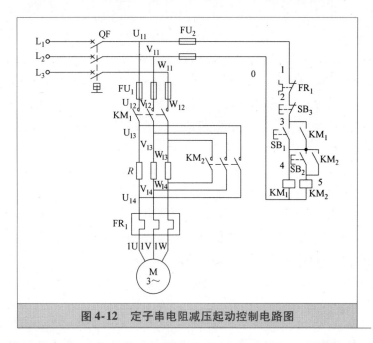

图 4-12　定子串电阻减压起动控制电路图

合上开关 QS，按下起动按钮 SB_1，接触器 KM_1 线圈得电，电动机串联电阻减压起动，如图 4-13a 所示。待电动机起动后，由操作人员按下控制按钮 SB_2，此时接触器 KM_2 线圈得电，KM_2 触头闭合使电阻被短接，电动机全压运行，如图 4-13b 所示。按下停止按钮 SB_3，电动机停机。

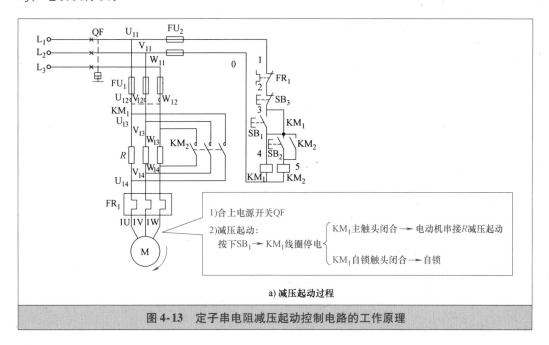

图 4-13　定子串电阻减压起动控制电路的工作原理

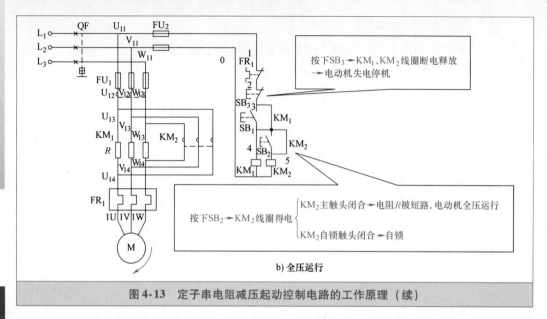

b) 全压运行

图 4-13　定子串电阻减压起动控制电路的工作原理（续）

【重要提醒】

电动机起动时在三相定子电路中串接电阻，使电动机定子绕组电压降低，起动后再将电阻短路，电动机仍然在正常电压下运行。这种起动方式由于不受电动机接线形式的限制，设备简单，因而在中小型机床中也有应用。机床中也常用这种串接电阻的方法限制点动调整时的起动电流。

4.2.3　电动机制动控制电路图

1. 电动机反接制动控制电路图（见图 4-14）

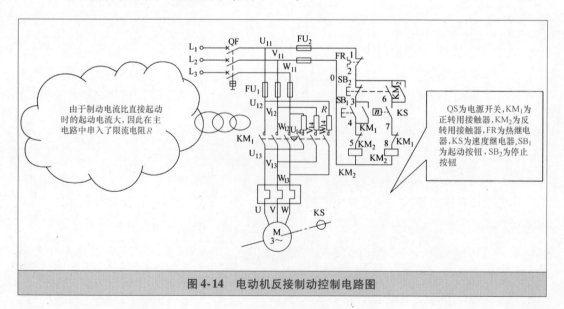

图 4-14　电动机反接制动控制电路图

（1）起动过程

先合上电源开关 QF。按下起动按钮 SB_1→接触器 KM_1 线圈得电→KM_1 主触头闭合（同时 KM_1 自锁触头闭合自锁；动断触头 KM_1 断开，对 KM_2 联锁）→电动机 M 直接起动，如图 4-15a 所示。

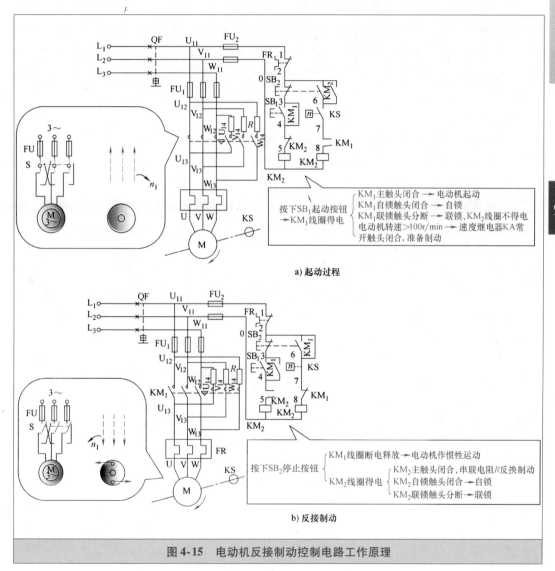

图 4-15　电动机反接制动控制电路工作原理

（2）停止过程（反接制动）

当电动机转速升高后，速度继电器的动合触头 KS 闭合，为反接制动接触器 KM_2 接通做准备。

停车时，按下复合停止按钮 SB_2（动断触头断开，动合触头闭合）→接触器 KM_1 断电释放→动断联锁触头 KM_1 恢复闭合→KM_2 线圈得电→KM_2 主触头闭合（同时 KM_2 自锁触头闭合自锁；动断触头 KM_2 断开，对 KM_1 联锁）→电动机反接制动→（电动机转速迅速降低，当转速接近于零时）速度继电器的动合触头 KS 断开→KM₂ 断电释放→电动机制动结束。

【重要提醒】

反接制动时，旋转磁场的相对速度很大，定子电流也很大，因此制动效果显著。但在制动过程中有冲击，对传动部件有害，能量消耗较大，只能用于不频繁制动的设备，如铣床、镗床、中型车床主轴的制动。

【知识窗】

电动机的制动类型

三相异步电动机的制动方法分为两类：机械制动和电气制动。

1）机械制动是利用外加的机械作用力，使电动机迅速停止转动。机械制动有电磁抱闸制动、电磁离合器制动等。

2）电气制动是使电动机停车时产生一个与转子原来的实际旋转方向相反的电磁力矩（制动力矩）来进行制动。电气制动主要有反接制动、能耗制动、回馈制动等。

2. 全波整流能耗制动电路图（见图 4-16）

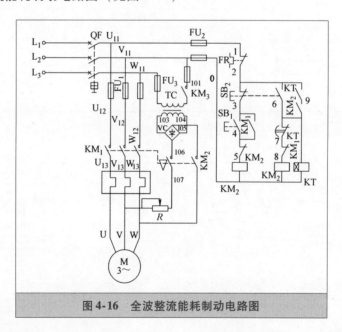

图 4-16　全波整流能耗制动电路图

该电路中使用了两个接触器 KM₁ 和 KM₂，一个热继电器 FR，一个时间继电器 KT，另外还有 SB₁ 为起动按钮，SB₂ 为停止按钮，TC 为电源变压器，VC 为整流器。还使用了由变压器和整流元件组成的整流装置，KM₂ 为制动用接触器。R 为可调电阻，用于调节电动机制动时间的长短。

（1）起动过程

起动时，先合上电源开关 QS。再按下起动按钮 SB₁→接触器 KM₁ 线圈得电→KM₁ 主触头闭合（同时 KM_1 自锁触头闭合自锁；动断触头 KM_1 断开，对 KM_2 联锁）→电动机 M 起动。

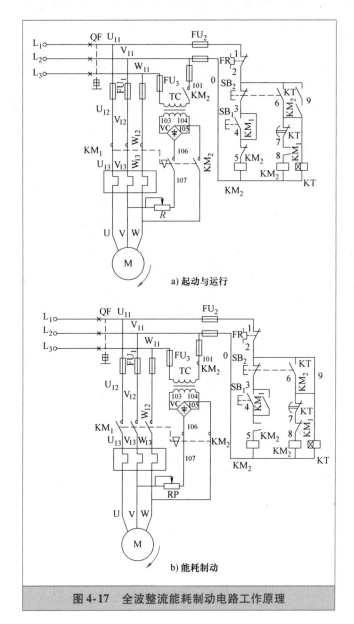

a) 起动与运行

b) 能耗制动

图 4-17　全波整流能耗制动电路工作原理

（2）停止过程（能耗制动）

按下复合停止按钮 SB_2（动断触头断开，动合触头闭合）→接触器 KM_1 断电释放（切断交流电源）→动断联锁触头 KM_1 恢复闭合→KM_2 线圈得电→KM_2 主触头闭合将整流装置接通（同时 KM_2 自锁触头闭合自锁；动断触头 KM_2 断开，对 KM_1 联锁）→电动机定子获得直流电源→能耗制动开始→KM_2 得电使 KT 得电→经延时后使 KM_2 失电→KT 也失电→能耗制动结束。

能耗制动作用的强弱与通入直流电流的大小和电动机转速有关，在同样的转速下电流越大制动作用越强。一般取直流电流为电动机空载电流的 3～4 倍，过大会使定子过热。在图 4-17 所示电路中的直流电源中串接的可调电阻 RP，可调节制动电流的大小。

【重要提醒】

在一些设备上，也可以采用一种手动控制的简单的能耗制动电路，如图 4-18 所示。要停车时，按下 SB₁ 按钮，到制动结束时松开 SB₁ 按钮即可。

由此可见，能耗制动与反接制动相比较，具有制动准确、平稳、能量消耗小等优点，但制动力较弱，在低速时尤为突出。另外它还需要直流电源，故适用于要求制动准确、平稳的场合，如磨床、龙门刨床及组合机床的主轴定位等。

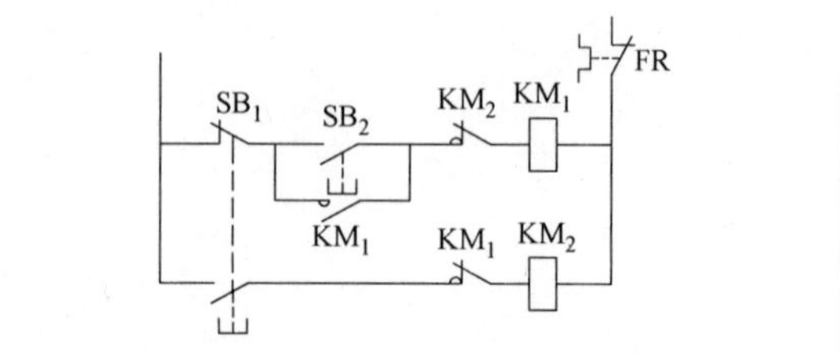

图 4-18　复合按钮控制的能耗制动回路（局部）

3. 电磁抱闸制动控制电路图

电磁抱闸制动是靠电磁制动闸紧紧抱住与电动机同轴的制动轮来制动的。电磁抱闸制动的优点是制动力矩大、制动迅速、停车准确，缺点是制动越快冲击振动越大。电磁抱闸制动有断电电磁抱闸制动和通电电磁抱闸制动。

断电电磁抱闸制动在电磁铁线圈一旦断电或未接通时，电动机都处于抱闸制动状态，例如电梯、吊车、卷扬机等设备。断电电磁抱闸制动电路如图 4-19 所示。

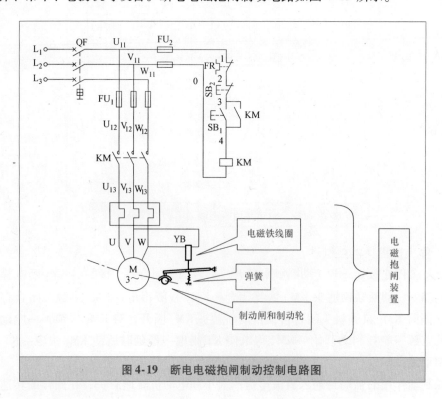

图 4-19　断电电磁抱闸制动控制电路图

下面简要分析其工作过程：

1）合上电源开关 QS。

2）按下起动按钮 SB$_1$，接触器 KM 得电吸合，电磁铁绕组 YB 接入电源，电磁铁心向上移动，抬起制动闸，松开制动轮。KM 得电后，电动机接入电源，起动运转，如图 4-20a 所示。

3）按下停止按钮 SB$_2$，接触器 KM 失电，电动机绕组和电磁铁线圈均断电，制动闸在弹簧的作用下紧压在制动轮上，依靠摩擦力使电动机快速停车，如图 4-20b 所示。

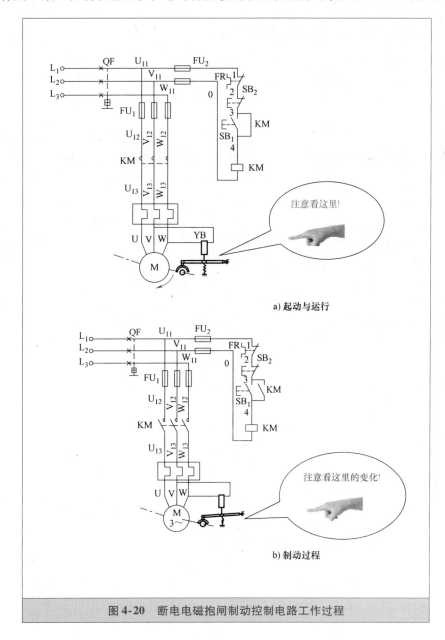

图 4-20　断电电磁抱闸制动控制电路工作过程

【重要提醒】

制动轮通过联轴器直接或间接与电动机主轴相连，电动机转动时，制动轮也跟着同轴转动。

上述断电抱闸制动的结构形式，在电磁铁线圈一旦断电或未接通时，电动机都处于制动状态，故称为断电抱闸制动方式。该控制线路不会因网络电源中断或电气线路故障而使制动的安全性和可靠性受影响。

4.2.4 电动机正反转控制电路图

对于三相异步电动机，只要任意调换电源的两根进线，电动机即可改变运行方向，如图 4-21 所示。

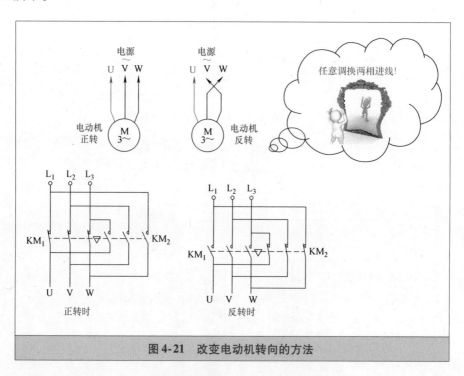

图 4-21　改变电动机转向的方法

1. 双重互锁的电动机正反转控制电路图

为克服接触器互锁正反转控制线路和按钮联锁正反转控制线路的不足，在按钮互锁的基础上，又增加了接触器互锁，构成了按钮、接触器互锁正反转控制线路，也称为防止相间短路的正、反转控制电路。该线路兼有两种互锁控制线路的优点，操作方便，工作安全可靠。

如图 4-22 所示为按钮、接触器双重互锁正、反转控制电路，由于这种电路结构完善，所以常将它们用金属外壳封装起来，制成成品直接供给用户使用，其名称为可逆磁力起动器。所谓可逆，是指它可以控制正、反转。

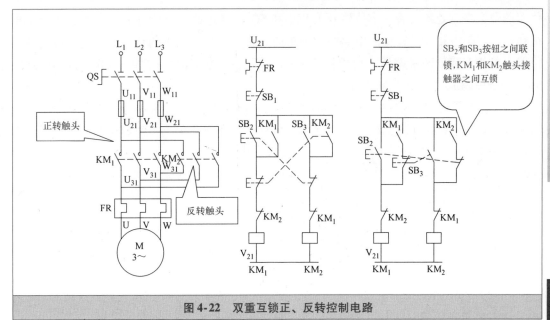

图 4-22　双重互锁正、反转控制电路

主电路中开关 QS 用于接通和隔离电源，熔断器对主电路进行保护，交流接触器主触头控制电动机的起动运行和停止，使用两个交流接触器 KM_1、KM_2 来改变电动机的电源相序。当通电时，KM_1 使电机正转；而 KM_2 通电时，使电源 L_1、L_3 对调接入电动机定子绕组，实现反转控制。由于电动机是长期运行，热继电器 FR 作过载保护，FR 的动断辅助触头串联在线圈回路中。

控制线路中，正反向起动按钮 SB_2、SB_3 都是具有动合、动断两对触头的复合按钮，SB_2 动合触头与 KM_1 的一个动合辅助触头并联，SB_3 动合触头与 KM_2 的一个动合辅助触头并联，动合辅助触头称为"自保"触头，而触头上、下端子的连接线称为"自保线"。由于起动后 SB_2、SB_3 失去控制，动断按钮 SB_1 串联在控制电路的主回路，用作停车控制。SB_2、SB_3 的动断触头和 KM_1、KM_2 的各一个动断辅助触头都串联在相反转向的接触器线圈回路，当操作任意一个起动按钮时，SB_2、SB_3 动断触头先分断，使相反转向的接触器断电释放，同时确保 KM_1（或 KM_2）要动作时必须是 KM_2（或 KM_1）确实复位，因而可防止两个接触器同时动作造成相间短路。每个按钮上起这种作用的触头叫"联锁"触头，而两端的接线叫"联锁线"。当操作任意一个按钮时，其动断触头先断开，而接触器通电动作时，先分断动断辅助触头，使相反方向的接触器断电释放，起到了双重互锁的作用。

【重要提醒】

按钮接触器双重互锁正反转控制线路是正反转电路中最复杂的电路，也是最完美的一个电路。在按钮和接触器双重互锁正、反转控制电路中，既用到了按钮之间的联锁，同时又用到了接触器触头之间的互锁，从而保证了电路的安全。

2. 行程控制的电动机正反转电路图

如图 4-23 所示为行程控制的电动机正反转电路，工厂车间的行车常采用这种电路。

行车的两头终点处各安装一个位置开关 SQ_1 和 SQ_2，将这两个位置开关的动断触头分别串接在正转控制电路和反转控制电路中。行车前后装有挡铁，行车的行程和位置可通过移动位置开关的安装位置来调节。该电路有采用了两只接触器 KM_1、KM_2。SB_1 为停止按钮，SB_2 为正转按钮，SB_3 为反转按钮。

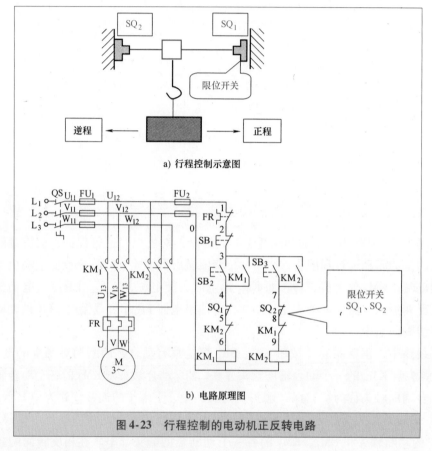

图4-23　行程控制的电动机正反转电路

按下正转按钮 SB_2，接触器 KM_1 线圈得电，电动机正转，运动部件向前或向上运动。当运动部件运动到预定位置时，装在运动部件上的挡块碰压位置开关 SQ_1、SQ_2（或接近开关接收到信号），使其动断触头 SQ_1 断开，接触器 KM_1 线圈失电，电动机断电、停转。这时再按正转按钮已没有作用。若按下反转按钮 SB_3，则 KM_2 得电，电动机反转，运动部件向后或向下运动到挡块碰压行程开关或接近开关，接收到信号，使其动断触头 SQ_2 断开，电动机停转。若要在运动途中停车，应按下停车按钮 SB_1。

电动机正转的工作过程：

1）在图4-23b所示电路的初始状态下，闭合 QS，接通电源。

2）按下正转按钮 SB_2，接触器 KM_1 线圈得电，KM_1 主触头闭合，主电路接通，电动机正向起动，运动部件向前或向上运动，如图4-24a所示。

3）KM_1 辅助动合触头闭合，正转电路自锁，如图4-24b所示。

4）KM_1 辅助动断触头断开，对 KM_2 互锁，如图4-24c所示。

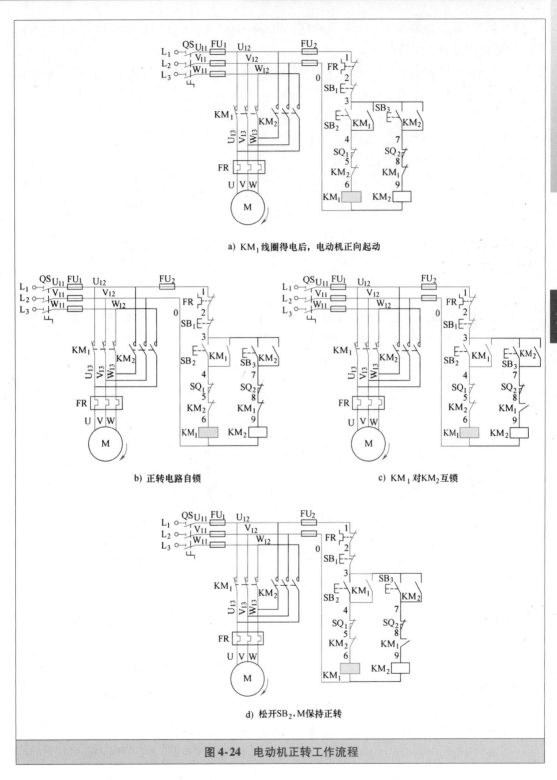

a) KM₁ 线圈得电后，电动机正向起动

b) 正转电路自锁

c) KM₁ 对KM₂互锁

d) 松开SB₂，M保持正转

图 4-24 电动机正转工作流程

5）松开 SB₂，电动机保持正向运转，如图 4-24d 所示。

6）当运动机构碰触位置开关 SQ₁，电路失电，电动机停转。

7）按下 SB$_1$，电路失电，电动机停转，电路恢复到 QS 闭合后的状态。

电动机反转的工作过程：

1）在 QS 闭合的状态下，按下 SB$_3$，控制电路闭合，KM$_1$ 线圈得电，KM$_2$ 主触头闭合，主电路接通，电动机反向起动，运动部件向后或向下运动，如图 4-25a 所示。

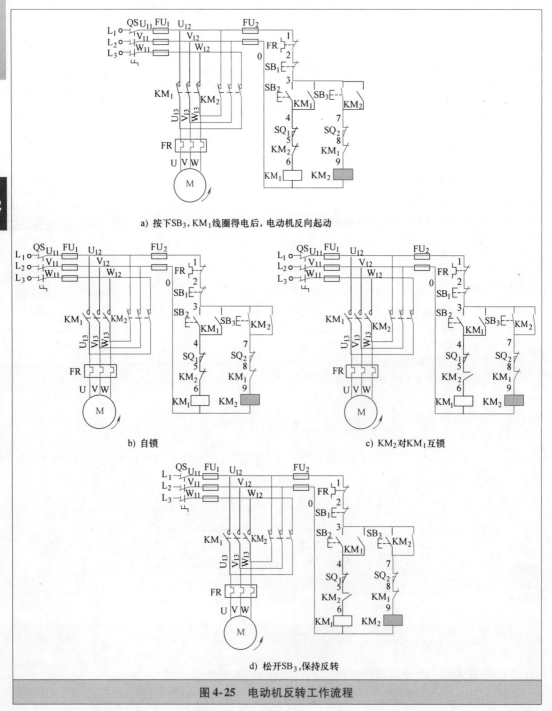

a）按下 SB$_3$，KM$_1$ 线圈得电后，电动机反向起动

b）自锁

c）KM$_2$ 对 KM$_1$ 互锁

d）松开 SB$_3$，保持反转

图 4-25　电动机反转工作流程

2）KM$_2$ 辅助动合触头闭合，反转电路自锁，如图 4-25b 所示。

3）KM$_2$ 辅助动断触头断开，对 KM$_1$ 互锁，如图 4-25c 所示。

4）松开 SB$_3$，电动机保持反向运转，如图 4-25d 所示。

5）当运动机构碰触位置开关 SQ$_2$，电路失电，电动机停转。

6）按下 SB$_1$，电路失电，电动机停转，电路恢复到 QS 闭合后的状态。

【重要提醒】

如果将图 4-23 所示电路中的行程开关采用四个具有动合、动断触头的位置开关（或接近开关）SQ$_1$、SQ$_2$、SQ$_3$、SQ$_4$ 更换，则成为自动注返控制的电动机正反转限位电路，如图 4-26 所示。其中，SQ$_1$、SQ$_2$ 被用来自动换接电动机正反转控制电路，实现工作台的自动注返行程控制；SQ$_3$、SQ$_4$ 被用来作终端保护，以防止 SQ$_1$、SQ$_2$ 失灵，工作台越过极限位置而造成事故。图中的 SB$_2$、SB$_3$ 为正转起动按钮和反转起动按钮，如若起动时工作台在右端，则按下 SB$_2$ 起动，工作台注左移动；如若起动时工作台在左端，则按下 SB$_3$ 起动，工作台注右移动。

由此可见，在明白电路原理的前提下对电路进行局部改进，使其功能更完善，也没有多少高深莫测的学问，有一定经验的电工是完全能够做到的。

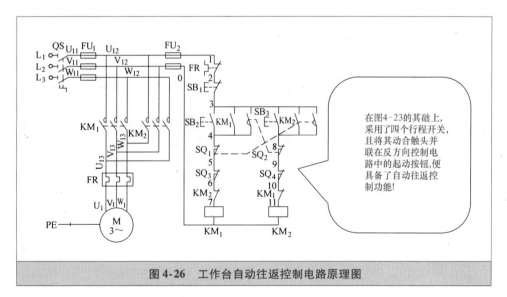

图 4-26　工作台自动往返控制电路原理图

气泡文字：在图 4-23 的其础上，采用了四个行程开关，且将其动合触头并联在反方向控制电路中的起动按钮，便具备了自动注返控制功能！

4.3　单相电动机控制电路图识读

4.3.1　单相电动机的起动控制电路图

单相电动机起动控制方式有四种，其相应的控制电路见表 4-4。

表4-4 单相电动机的起动控制电路

起动方式	电路图	电路图识读	
		起动过程	电路特点及应用
阻抗分相起动式	**起动器** 阻抗分相起动式 输出功率:40～150W	刚开始通电时。利用起动器（电流电压继电器、PTC、离心开关等）使起动绕组和运行绕组同时受电。待起动完成之后，断开起动绕组，只靠运行绕组来继续运行	该方式结构简单，起动转矩小、起动电流大。用于电冰箱、小型陈列柜、电风扇、空调风扇电机、洗衣机等电机
电容起动式	**起动器** 电容起动式 输出功率:40～300W	在起动绕组中串接一个电容器，它是利用起动器将起动绕组接入起动，待起动完成后，切断起动绕组，正常运行由运行绕组承担	这种起动方式有较大的转矩。起动电流小，常用在冰箱、冷饮机等设备上
电容运转式	电容运转式 输出功率:400～1100W	在起动绕组上串联起动电容，以提高起动转矩。所不同的是，在正常起动后，起动绕组并不断开，而是和运行绕组一起共同参与电动机的正常运行	这种方式的起动转矩小，效率高。常用于小型空调中
电容起动运转式	**起动器** **起动电容** 运行电容 电容起动运转式 输出功率:100～1500W	在起动绕组中并联有两只电容器。其中容量较大的一只电容串接在起动开关上。该电容器只是在刚起动时参与运行，待起动正常后随起动开关的断开而退出运行；而容量较小的电容器却一直参与电动机的运行	这种起动方式由于刚通电时，两只电容并联，有足够大的电容量参与起动，所以起动转矩大、起动电流小。适用于大型空调以及制冰机等设备

4.3.2 单相异步电动机调速控制电路图

通过改变电源电压或电动机结构参数的方法，从而改变电动机转速的过程，称为调速。单相异步电动机常用的调速电路有四种，见表4-5。

表4-5 单相异步电动机常用的调速电路

调速电路	电路图	电路图识读
PTC调速电路	电抗器 PTC 副绕组 C 主绕组 θ ～220V 停 高 中 低 微	利用常温下PTC电阻很小，电动机在直接起动，起动后，PTC阻值增大，使电动机进入低速运行

（续）

调速电路		电路图	电路图识读
串联电抗调速电路		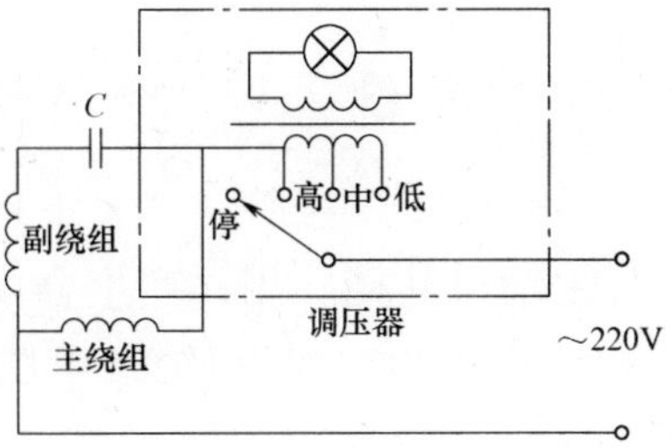	将电动机主、副绕组并联后再串入具有抽头的电抗器，当转速开关处于不同位置时，电抗器的电压降不同，使电动机端电压改变而实现有级调速。调速开关接高速档，电机绕组直接接电源，转速最高；调速开关接中、低速档，电机绕组串联不同的电抗器，总电抗增大，转速降低。 用这种方法调速比较灵活，电路结构简单，维修方便；但需要专用电抗器，成本高，耗能大，低速起动性能差
晶闸管调速电路		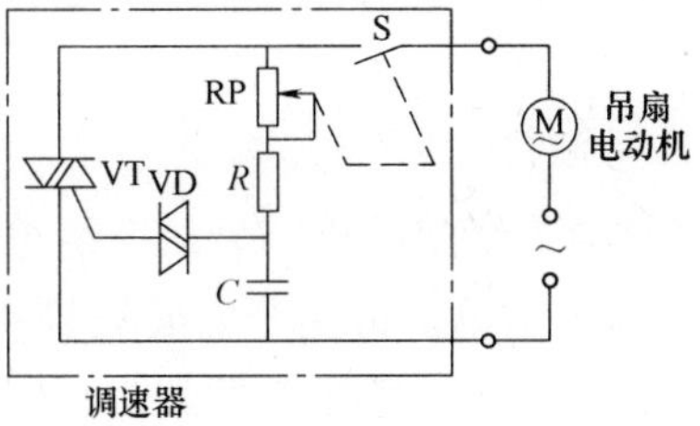	晶闸管调速是通过改变晶闸管的导通角来改变电动机的电压波形，从而改变电压的有效值已达到调速的目的
绕组抽头调速电路	L 型	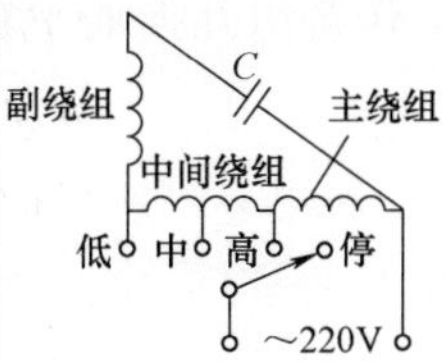 a) L-1型 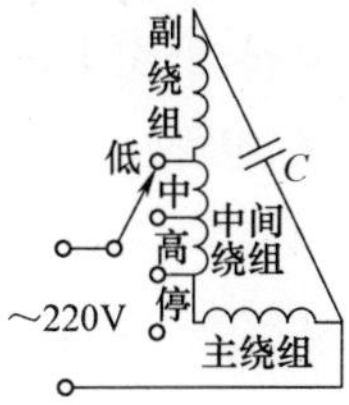　　b) L-2型 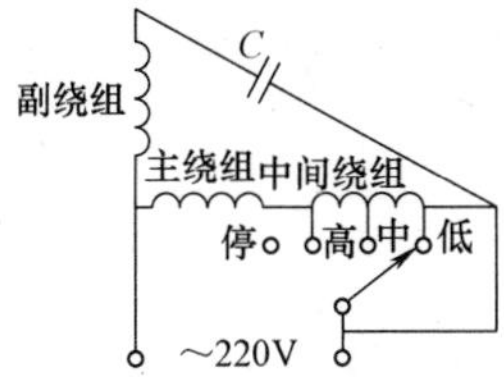 c) L-3型	绕组抽头法调速，实际上是把电抗器调速法的电抗嵌入定子槽中，通过改变中间绕组与主、副绕组的连接方式，来调整磁场的大小和椭圆度，从而调节电动机的转速。采用这种方法调速，节省了电抗器，成本低、功耗小、性能好，但工艺较复杂。实际应用中有 L 型和 T 型绕组抽头调速两种方法
	T 型	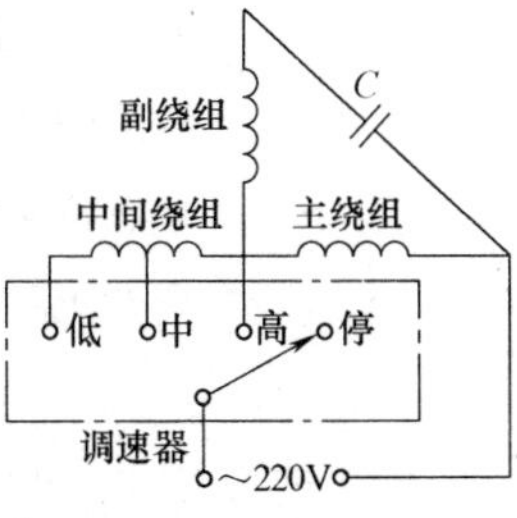	

【重要提醒】

单相异步电动机的调速方法很多，上面介绍是几种比较常见的方法，此外自耦变压器调压调速、串电容器调速和变极调速等方法在某些场合也常常运用。

4.3.3　单相异步电动机正反转控制电路图

单相异步电动机有两个定子绕组，一个是工作绕组（主绕组），用以产生主磁场；另一个是辅助绕组（副绕组），用来与主绕组共同作用，产生合成的旋转磁场，使电动机得到起动转矩。这两个绕组在空间相差 90°，起动绕组串联一个适当容量的电容器。

要使单相异步电动机反转必须使旋转磁场反转，须将两套绕组（工作绕组和起动绕组）中任意一套绕组的电流相位改变 180°来改变旋转磁场的转向实现反转，其实现方法有以下几种。

1. 起动绕组与工作绕组互换

对于单相电容式电动机，将电容器从一个绕组改接到另一个绕组即可实现电动机的正反转。使用这种方法来改变转向，电路比较简单，可用于需要频繁正反转的场合。注意，这种方法只适用于起动绕组与工作绕组的技术参数即线圈匝数、粗细、所占槽数都应相同的电动机。

家用洗衣机频繁的正、反转正是利用起动绕组与工作绕组互换而很容易地实现了反转控制。如图 4-27 所示洗衣机正、反转控制电路。

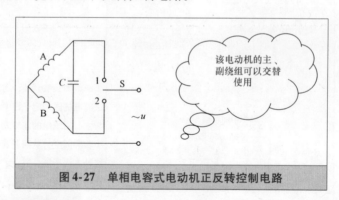

图 4-27　单相电容式电动机正反转控制电路

当定时器开关 S 置于触头 "1" 时为正转，此时是以绕组 A 为工作绕组，B 为起动绕组，起动绕组在整个时间都工作。选择合适的电容，可使 B 电流超前于 A 90°。

当定时器开关 S 置于触头 "2" 时，A 作为起动绕组，B 作为工作绕组，A 电流超前于 B 90°，电动机发生反转。

2. 工作绕组或起动绕组任一组的首端与末端对调

这种方法实质是将其中的一套绕组反接，使之电流相位改变 180°。它需要将电动机两套绕组的首、末端都引出机壳并标记区分，其在控制接线上也较麻烦。

这种方法主要适用于起动绕组与工作绕组技术参数不相同的电容（或电阻）起动异步

电动机。生产商出厂时为了方便用户接线，用统一标准的接线板规范电动机绕组的引出线，如图4-28a所示，U_1 U_2、V_1 V_2分别为工作绕组和起动绕组，C为外接电容器，K为电动机内部的离心开关。

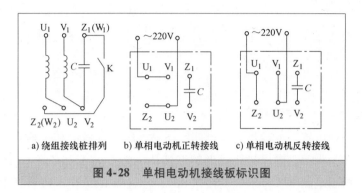

a) 绕组接线桩排列　　b) 单相电动机正转接线　　c) 单相电动机反转接线

图4-28　单相电动机接线板标识图

电动机起动后，当转速达到80%左右的额定值时，K断开，切除V_1 V_2，工作绕组拖动负载运行。图4-28b、c为单相电动机铭牌上标注的正转、反转接线图。

（1）倒顺开关控制单相电动机正反转

功率在1kW左右就近控制的单相电动机，例如木工刨床、小型磨粉机等，采用倒顺开关控制其正、反转。图4-29a、b所示是我国早期生产的产品，现在仍在广泛使用的HZ3-132型倒顺开关在正转、反转位置的结构示意简图。在正转位置，1-2、3-4、5-6分别相通；在反转位置，1-3、2-4、5-6分别相通。拆出接线板上连接片，将倒顺开关与接线板的接头相连，即1与U_1，2与V_1，3与Z_2，4与U_2相连接就可完成电动机正转、反转接线。如果将电源线直接接在4、1号或2、3号接点（静触头）上，电动机能按要求正、反转，但开关处于停的位置，如电源进线仍带电，则U_1 U_2绕组或V_1 V_2绕组仍加有电，电动机发出"嗡嗡"声而不转动，时间稍长就会烧毁绕组。电源线接法如图4-29c所示，在停的位置通过5-6号间的动触片将相线断开。

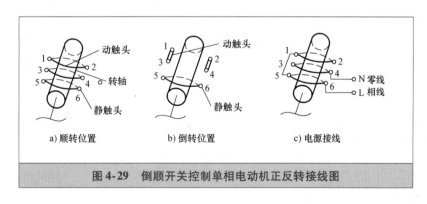

a) 顺转位置　　　　b) 倒转位置　　　　c) 电源接线

图4-29　倒顺开关控制单相电动机正反转接线图

采用新型KO3系列倒顺开关控制其正、反转的接线如图4-30所示。注意必须拆出接线板上的连接片。新型KO3系列倒顺开关由6个相同的蝶形动触头和9个U形静触头及一组定位机构组成。触头动作准确迅速，性价比高。

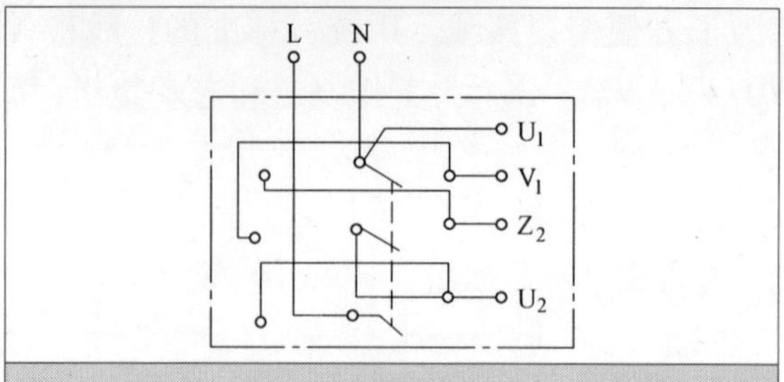

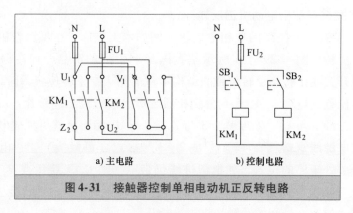

图 4-30　KO3 型开关控制电动机正、反转的接线图

（2）接触器控制单相电动机正反转

对远距离或较高位置的危险场所，例如电动卷闸门、舞台电动拉幕等，一般采用接触器控制，如图 4-31a 所示。拆出接线板上的连接片，将 U_1、V_1、Z_2、U_2 触头分别连接到图 4-31b 所示的控制电路上。按下起动按钮 SB_2，接触器 KM_2 得电吸合，电动机正转。松开按钮 SB_2，KM_2 失电，电动机停转。按下起动按钮 SB_1，继电器 KM_1 得电吸合，电动机反转。接触器的联锁、保护等控制只需修改控制电路即可。

图 4-31　接触器控制单相电动机正反转电路

【重要提醒】

单相异步电动机由于其结构的特殊性，其反转控制也有其特点。实践中，我们要多总结积累经验，为电气线路安装、检修打下坚实的基础。

4.4　PLC 及变频器控制电动机电气图识读

4.4.1　PLC 控制系统电气图识读基础

1. PLC 控制系统电气图的特点

1）PLC 的硬件部分电气线路比较简单，根据 PLC 的端子分配表，就可知道输入和输出的信号。

2）读懂 PLC 控制电路图的关键在于工作流程图和梯形图。其中，梯形图和布尔助记符是 PLC 的基本编程语言，由一系列指令组成，用这些指令可以完成大多数简单的控制功能。例如，代替继电器、计时器、计数器完成顺序控制和逻辑控制等。

3）PLC 梯形图是在原电气控制系统中采用的继电器、接触器线路图的基础上演变而来的。采用因果关系来描述事件发生的条件和结果，每个梯级是一个因果关系。在梯级中，事件发生的条件表示在左边，事件发生的结果表示在右边。

2. PLC 控制系统电气图的识图方法

PLC 控制系统与继电接触器控制系统有很多相似之处，但两者的工作方式不同，存在本质上的差别。如图 4-32 所示为某摇臂钻床的继电逻辑控制电路、PLC 控制电路和 PLC 梯形图的比较，通过对比，我们对 PLC 有了一个初步的认识。

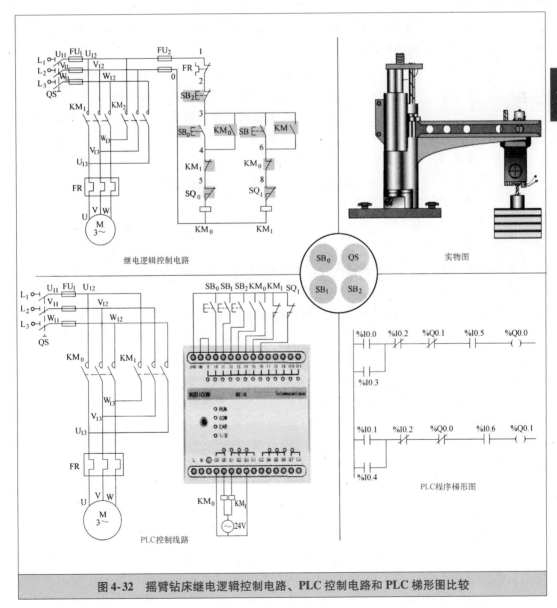

图 4-32　摇臂钻床继电逻辑控制电路、PLC 控制电路和 PLC 梯形图比较

阅读 PLC 控制系统电路图的基本方法如下：

1）了解该控制系统的工艺流程和具有的功能，这与看继电接触器控制系统电路图的要求和方法相同。

2）看主电路，进一步了解工艺流程和对应的执行装置或元器件。

3）看 PLC 控制系统的输入/输出分配表和硬件连接图，了解输入信号和对应输入继电器编号，以及输出继电器分配和所接对应负载。

4）看 PLC 控制系统的梯形图或状态转换流程图。在读 PLC 梯形图时，不仅要了解编写梯形图的控制要求及 I/O 分配，还要熟悉梯形图编写原则。

① PLC 梯形图按行从上至下编写，每一行从左至右顺序编写，PLC 的扫描顺序与梯形图编写顺序一致。

② 梯形图左边垂直线称为左母线。左侧放置输入触点（包括外部输入触点、内部继电器触点，也可以是定时器、计数器的状态）。输出线圈放在最右边，紧靠右母线。输出线圈可以是输出控制线圈、内部继电器线圈，也可是计时器、计数器的运算结果。

③ 梯形图中的触点可以任意串、并联，而输出线圈只能并联不能串联。PLC 输出线圈的触点可以多次重复使用，不像实际继电器所带触头的数量是有限的。内部继电器线圈不能作输出控制用，它们只是一些中间存储状态寄存器。

④ 梯形图的梯级必须有一个终止的指令，表示程序扫描的结束。

5）在看梯形图时，可采用查线法：查线读图法以分析各个执行元件、控制元件和附加元件的作用、功能为基础，根据生产机械的生产工业过程，分析被控对象的控制情况和电气线路的控制原理。

采用查线读图法需了解的主要内容：设备的基本结构，运动形式，加工工艺过程，操作方法，设备对电气控制的要求等。

采用查线法时，可以用铅笔作出读图的状态变换图，例如当某一个输入信号存在时，就可把其对应输入继电器的触头画一条直线，表示接通。读图过程同 PLC 扫描用户程序过程一样，从左到右、自上而下逐线（支路）扫描。

6）在看状态转换流程图时，应结合生产工艺流程加注具体步骤名称。在梯形图上的继电器是软继电器，在 PLC 内部并没有继电器的实体，只有寄存器中的触发器。根据计算机对信息的"存-取"原理，可读出触发器的状态或在一定条件下改变它的状态，对软继电器线圈的定义只能有一个，而对其触点状态可无数次读取（即存在无数个触点），既有动合状态，又有动断状态。

7）梯形图上的连线代表各"触点"的逻辑关系，PLC 内部不存在这种连线，而采用逻辑运算来表征逻辑关系。

在继电接触器控制电路图中，继电接触器、连线等都是实体，在电路中存在电流的流动。而在梯形图中，某些"触点"或支路接通，却并不存在电流流动，而是代表该支路的逻辑运算取值或结果为"1"。为理解 PLC 的周期扫描工作原理和信息存储空间的分布规律，在看梯形图时可想象有一个单方向（从左向右，先上后下）的"能流"在流动，这也是查线法的规则。

8）在分析电路之前，须掌握梯形图符号、时序图及功能说明等基础知识，须牢记梯形图上的 PLC 助记符号和有关指令系统。

【知识窗】

图形符号对照

梯形图的图形符号与继电器-接触器控制电路的图形符号对照如图 4-33 所示。

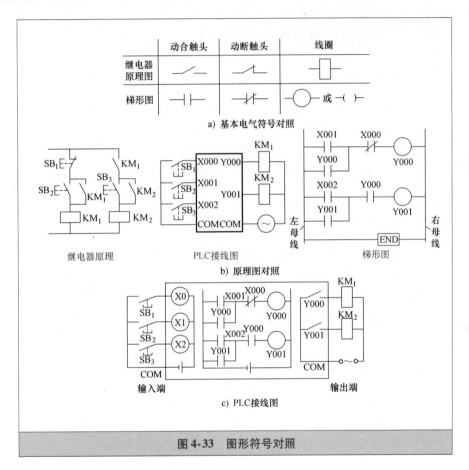

图 4-33　图形符号对照

注：在梯形图中原对应的继电器触头称为触点。

4.4.2　常用 PLC 梯形图识读

1. 起保停电路梯形图

起保停电路的梯形图和波形图如图 4-34 所示。

1）X1 = ON，X2 = OFF 时，X2 的动断触点闭合，Y1 的输出状态为 ON 并自锁保持。

2）X2 = ON 时，X2 的动断触点断开，Y1 的输出状态变为 OFF。

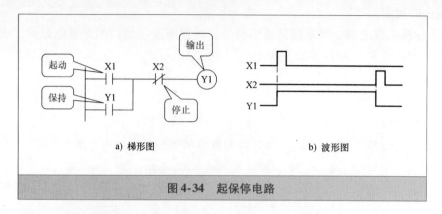

图 4-34　起保停电路

2. 置位复位电路梯形图（见图 4-35）

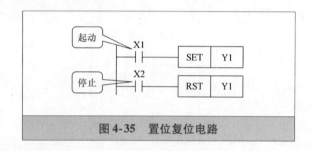

图 4-35　置位复位电路

1）X1 = ON 时，Y1 被 SET 指令置位为 ON 并保持该状态。

2）X2 = ON 时，Y1 被 RST 指令复位为 OFF。

3. 延时接通电路梯形图

延时接通电路的梯形图和波形图如图 4-36 所示。

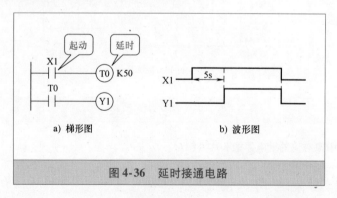

图 4-36　延时接通电路

1）X1 = ON 时，T0 开始定时，定时时间（5s）到，T0 的动合触点闭合，Y1 的输出状态为 ON。

2）X1 = OFF 时，T0 复位清零，T0 的动合触点断开，Y1 的输出状态变为 OFF。

4. 延时断开电路梯形图

延时断开电路的梯形图和波形图如图 4-37 所示。

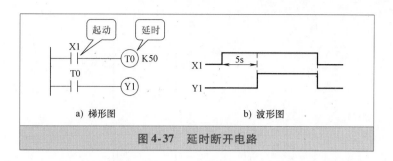

图 4-37　延时断开电路

1）X1 = ON 时，T0 的动断触点闭合，Y0 的输出状态为 ON 并自锁保持；同时 X1 的动断触点断开，T0 处于复位状态。

2）X1 = OFF 时，Y0 的输出状态由于自锁保持仍为 ON，X1 的动断触点闭合，T0 开始计时。定时时间（5s）到，T0 的动断触点断开，Y0 的输出状态变为 OFF。

4.4.3　PLC 控制电动机电气图识读

1. PLC 控制异步电动机丫-△减压起动电气图

（1）PLC 控制正、反转控制线路的要求

按下正转起动按钮 SB_1，KM_1 线圈得电，电动机正转运行；按下反转起动按钮 SB_2，KM_1 线圈失电，KM_2 线圈得电，电动机反转运行；按下 SB_3，KM_1 或 KM_2 线圈失电，电动机停止正转或反转。

（2）I/O 地址分配

PLC 输入、输出地址的分配见表 4-6。

表 4-6　I/O 分配表

输　入		输　出	
元 件 名 称	输 入 点	元 件 名 称	输 出 点
正转起动按钮 SB_1	X0	正转控制接触器 KM_1	Y0
反转起动按钮 SB_2	X1	反转控制接触器 KM_2	Y1
停止按钮 SB_3	X2		
热继电器触头 FR	X3		

（3）PLC 接线图

PLC 控制电动机正反转的主电路如图 4-38a 所示，PLC 控制电路接线图如图 4-38b 所示。

（4）PLC 控制程序梯形图

利用 PLC 控制电动机正、反转运转程序可采用多种方法编写，这里列举几种方法，供读者拓展编程思路。

方法一：将继电控制线路按 I/O 分配表的编号翻写出梯形图和指令语句表，如图 4-39 所示。

注意：由于热继电器的保护触头采用动断触头输入，因此程序中的 X3（FR 动断）采用动断触点。

方法二：使控制停止按钮 X2 动断与热保护 X3 动合共同控制 M0 辅助继电器，再将 M0 动合触点分别串联到 Y0、Y1 控制回路进行控制，如图 4-40 所示。

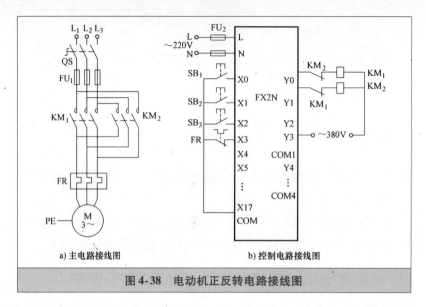

a) 主电路接线图　　　　　b) 控制电路接线图

图 4-38　电动机正反转电路接线图

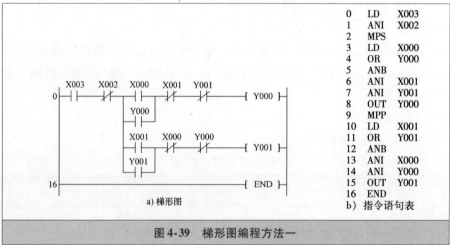

a) 梯形图

```
0   LD    X003
1   ANI   X002
2   MPS
3   LD    X000
4   OR    Y000
5   ANB
6   ANI   X001
7   ANI   Y001
8   OUT   Y000
9   MPP
10  LD    X001
11  OR    Y001
12  ANB
13  ANI   X000
14  ANI   Y000
15  OUT   Y001
16  END
```

b) 指令语句表

图 4-39　梯形图编程方法一

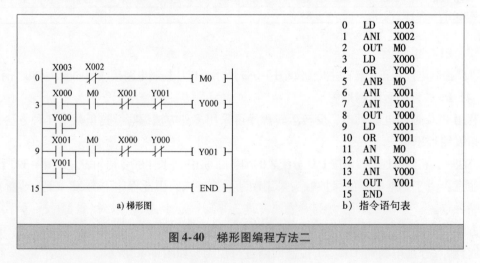

a) 梯形图

```
0   LD    X003
1   ANI   X002
2   OUT   M0
3   LD    X000
4   OR    Y000
5   ANB   M0
6   ANI   X001
7   ANI   Y001
8   OUT   Y000
9   LD    X001
10  OR    Y001
11  AN    M0
12  ANI   X000
13  ANI   Y000
14  OUT   Y001
15  END
```

b) 指令语句表

图 4-40　梯形图编程方法二

方法三：采用主控方式控制正、反转电路，如图4-41所示。

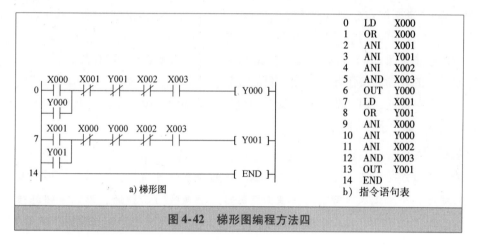

图 4-41 梯形图编程方法三

方法四：将控制停止按钮 X2 动断与热保护 X3 动合分别串联到 Y0、Y1 控制回路进行控制，如图4-42所示。

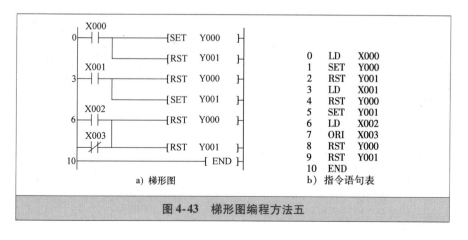

图 4-42 梯形图编程方法四

方法五：采用置位与复位指令控制电动机正、反转运转程序，如图4-43所示。

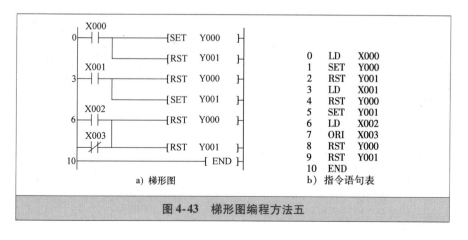

图 4-43 梯形图编程方法五

2. 电动机正反转控制梯形图

在如图4-44所示的电动机正反转控制电路梯形图中，用两个起保停电路来分别控制电动机的正转和反转。其中，KM₁、KM₂分别为控制正、反转运行的交流接触器，FR为热继电器。

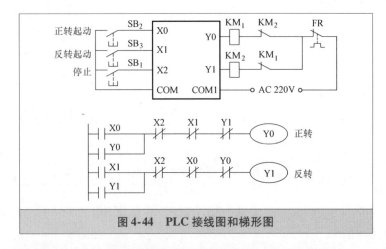

图4-44　PLC接线图和梯形图

Y0、Y1的动断触点分别与对方线圈串联，保证它们不会同时为ON，称互锁电路。

X0、X1的动断触点接入对方的回路，称按钮互锁电路。设电动机在正转，改成反转时，可不按停止按钮SB₁，直接按反转按钮SB₃，X1动断触点断开Y0线圈。

梯形图中的互锁和按钮互锁电路，只能保证输出模块中与Y0、Y1对应的硬件继电器的触头不会同时接通，但不能保证控制电动机的主触头由于电弧熔焊等故障，不能正常断开时，会造成三相短路的事故。

【重要提醒】

实际设计程序时，还要考虑是否会导致三相短路事故等情况，可在原程序的基础上增加两个定时器，进行正反转切换时，被切断的接触器是瞬时动作的，而被接通的接触器要延时一段时间才动作，可避免电源瞬时短路。

4.4.4　变频器控制电动机电气图识读

1. 变频器控制电动机电路图的识读步骤

与接触器-继电器应用电路一样，变频器应用电路同样由主电路和控制电路两大部分组成。识图时，可先读主电路，看主电路由哪些器件组成；然后再识读控制电路，看控制电路由哪些器件组成，并分析控制电路是如何工作的。

2. 用一只交流接触器控制变频电动机正转电路图（见图4-45）

（1）看电路组成

该电路由主电路和控制电路等两大部分组成。主电路包括低压断路器QF、交流接触器KM的主触头、变频器内置的交流/直流/交流（AC/DC/AC）转换电路以及三相交流电动机M等组成。控制电路包括控制按钮SB₁~SB₄、中间继电器KA、交流接触器的线圈和辅助接头以及频率给定电路等。

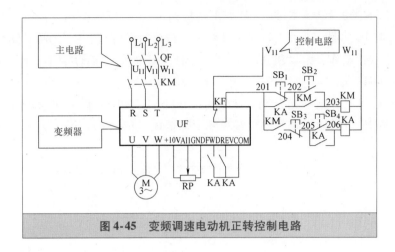

图 4-45　变频调速电动机正转控制电路

（2）看控制电路

在控制电路中，KF 为变频器的过热保护接头。+10V 电压由变频器提供；RP 为频率给定信号电位器，频率给定信号通过调节其滑动触头得到。

控制电路中的接触器与中间继电器之间有联锁关系：一方面，只有在接触器 KM 动作使变频器接通电源后，中间继电器 KA 才能动作；另一方面，只有在中间继电器 KA 断开，电动机减速并停机时，接触器 KM 才能断开变频器的电源。

图中，SB_1、SB_2 用于控制接触器 KM 的线圈，从而控制变频器的电源通断。按钮 SB_4、SB_3 用于控制继电器 KA，从而控制电动机的起动和停止。当电动机工作过程中出现异常而使触头 KF 断开时，KM、KA 线圈失电，电动机停止运行。

合上电源开关 QF，控制电路得电。按下起动按钮 SB_2 后，电流依次经过 V_{11}→KF→SB_1→SB_2→KM 线圈→W_{11}，KM 线圈得电动作并自锁；KM 的触头（201 – 204）闭合，为中间继电器运行做好准备；KM 主触头闭合，主电路进入热备用状态。

按下按钮 SB_4 后，电流依次经过 V_{11}→KF→KM 的触头（201 – 204）→SB_3→SB_4→KA 线圈→W_{11}，KA 线圈得电动作，其触头（205 – 206）闭合自锁；KA 的触头（201 – 202）闭合，防止操作 SB_1 时断电；KA 的触头（FWD-COM）闭合，变频器内置的 AC/DC/AC 电路工作，电动机 M 得电运行。

停机时，按下按钮 SB_3，中间继电器 KA 的线圈失电复位，KA 的触头（FWD-CM）断开，变频器内置的 AC/DC/AC 电路停止工作，电动机 M 失电停机。同时，KA 的触头（201 – 202）解锁，为 KM 线圈停止工作做好准备。

如果设备暂停使用，就按下按钮 SB_1，KM 线圈失电复位，其主触头断开，变频器的 R、S、T 端脱离电源。如果设备长时间不用，应断开电源开关 QF。

3. 用两只交流接触器控制变频电动机正反转电路图

普通变频器无正反转控制功能，只能使电动机往一个方向转动，这时可采用如图 4-46 所示的电路实现电动机可逆运行。

图中，KM_1、KM_2 为两只同型号、同规格的交流接触器；K_1、K_2 为中间继电器；KT

为时间继电器；STOP 为停车按钮。SF 为正转按钮，SR 为反转按钮。按动 SF，中间继电器 K_1 吸合，时间继电器 KT 进入延时工作状态。待延时结束后，KT 的瞬时闭合触头动作，使交流接触器 KM_1 动作，电动机正转。与此同时，K_1 的另一动合触头动作，接通变频器 UF 的"IRF-COM"端子（有的变频器作"FWD-CM"端子），UF 开始运行，其输出频率按预置的升速时间上升至与给定对应的数值。当按下停止按钮 STOP 时，K_1 失电释放，"IRF-COM"断开，UF 输出频率按预置频率下降至 0，M 停机。

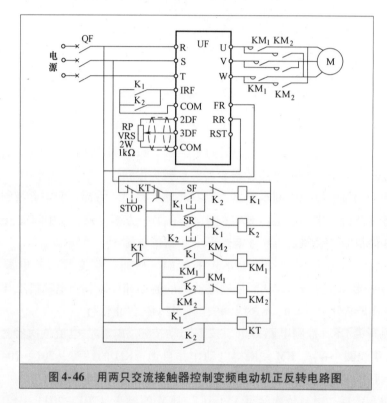

图 4-46　用两只交流接触器控制变频电动机正反转电路图

要使 M 反转，按下反转按钮 SR 即可，其过程与上述相似。为了防止误操作，K_1、K_2 必需互锁。

RP 为频率给定电位器，须用屏蔽线连接，COM 为公共端。时间继电器 KT 的整定时间要超过电动机停止时间或变频器的减速时间。在正转或反转运行中，不可关断接触器 KM_1 或 KM_2。

4. 变频调速联锁控制电动机正反转电路图（见图 4-47）

（1）看电路组成

该电路由以电动机为负载的主电路和以选择开关为转换要素的控制电路两大部分组成。主电路包括三相交流电源开关 QF、交流接触器 KM 的主触头、变频器 UF 内置的 AC/DC/AC 转换电路以及三相交流电动机 M 等。控制电路包括控制按钮 SA_1、SA_2、SB_1、SB_2，交流接触器 KM 的线圈及其辅助触头，变频器内置的保护触头 KF 以及选频电位器 RP 等。

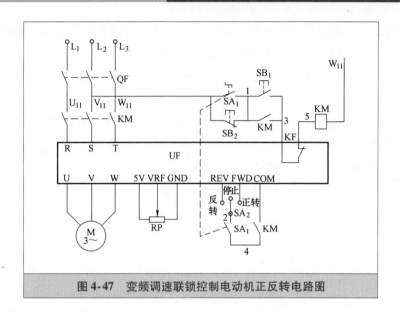

图 4-47　变频调速联锁控制电动机正反转电路图

（2）控制电路分析

图中，SA_2 为三位（正转、反转、停止）转换开关，旋转开关 SA_1 为机械联锁开关，接触器 KM 为电气联锁开关。SA_1 接通时，SB_2 退出；SA_1 断开时，SB_2 有效。接触器的辅助触头（4－COM）接通时，只有 SA_1、SA_2 都接通才有效；接触器的触头（4－COM）断开时，SA_1、SA_2 接通无效。

电动机正向运行：按下按钮 SB_1，KM 线圈得电动作，其辅助触头（1－3）、（4－COM）同时闭合，变频器的 R、S、T 端得电进入热备用状态。将 SA_1 开关旋转到接通位置时，SB_2 不再起作用，然后将 SA_2 拨到"正转"位置，变频器内置的 AC/DC/AC 转换电路开通，电动机起动并正向运行。

电动机反向运行：先将 SA_2 拨到"停止"位置，然后再将开关 SA_2 转到"反转"位置，电动机就反向运行。

如果一开始就要电动机反向运行，则先将旋转开关 SA_1 转到接通位置（SB_2 退出），然后按下 SB_1，接触器 KM 的线圈得电动作，其辅助触头（1－3）、（4－COM）同时闭合，变频器的 R、S、T 端得电，进入热备用状态。将 SA_2 转到"反转"位置时，变频器内置的电路换相，电动机反向运行。

如果在反向运行过程中要使电动机正向运行，则先将 SA_2 拨到"停止"位置，然后再将开关 SA_2 转到"正转"位置，电动机就会正向运行。

停机操作：将 SA_1 转到"停止"位置，断开 SA_1 对 SB_2 的封锁，作好变频器输入端（R、S、T）脱电准备。按下 SB_2，KM 线圈失电复位，切断交流电源与变频器（R、S、T 端）之间的联系。

5. 一台变频器控制多台并联电动机电路图

如图 4-48 所示为一台变频器控制多台并联电动机电路，该电路由主电路和控制电路两大部分组成。主电路包括电源开关 QF、交流接触器 KM 的主触头、变频器内置的 AC/

DC/AC 转换电路、热继电器 KH$_1$ ~ KH$_3$ 以及三相交流电动机 M$_1$ ~ M$_3$ 等。控制电路包括按钮 SB$_1$ ~ SB$_5$、交流接触器 KM 的线圈以及继电器 KA$_1$、KA$_2$ 等。

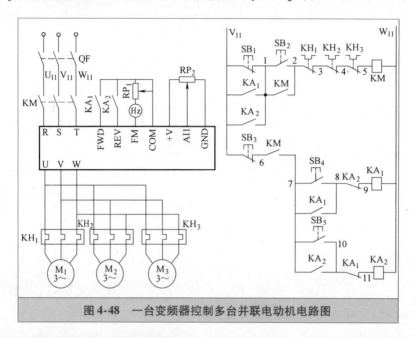

图 4-48　一台变频器控制多台并联电动机电路图

合上电源开关 QF 后，控制电路得电。

正向起动运行：按下起动按钮 SB$_2$ 后，交流电流依次经过 V$_{11}$→SB$_1$→SB$_2$→KH$_1$ 的触头（2-3）→KH$_2$ 的触头（3-4）→KH$_3$ 的触头（4-5）→KM 线圈→W$_{11}$，KM 线圈得电吸合并自锁，其触头（6-7）闭合，为 KA$_1$ 或 KA$_2$ 继电器工作做好准备。接触器 KM 的主触头闭合，三相交流电压送达变频器的输入端 R、S、T。

按下按钮 SB$_4$ 后，交流电流依次经过 V$_{11}$→SB$_3$→KM 的触头（6-7）→SB$_4$→KA$_2$ 的触头（8-9）→KA$_1$ 线圈→W$_{11}$，KA$_1$ 线圈得电吸合并自锁；KA$_1$ 的动断触头（10-11）断开，禁止继电器 KA$_2$ 参与工作；继电器 KA$_1$ 的动合触头（V$_{11}$-1）闭合，封锁按钮 SB$_1$ 的停机功能；变频器上的 KA$_1$ 触头（FWD-COM）闭合，变频器内置的 AC/DC/AC 转换器工作，从 U、V、W 端输出正相序三相交流电，电动机 M$_1$ ~ M$_3$ 同时正向起动运行。

反向起动运行：先按下 SB$_3$ 按钮，继电器 KA$_1$ 的线圈失电复位，变频器处于热备用状态。按下按钮 SB$_5$，交流电流依次经过 V$_{11}$→SB$_3$→KM 的触头（6-7）→SB$_5$→KA$_1$ 的触头（10-11）→KA$_2$ 线圈→W$_{11}$，继电器 KA$_2$ 的线圈得电吸合并自锁；KA$_2$ 的动断触头（8-9）断开，禁止继电器 KA$_1$ 的线圈参与工作；KA$_2$ 的动合触头（V$_{11}$-1）闭合，迫使 SB$_1$ 按钮暂时退出；变频器上的 KA$_2$ 触头（REV-COM）闭合，变频器内置的 AC/DC/AC 转换电路工作，从 U、V、W 接线端输出逆相序三相交流电，电动机 M$_1$ ~ M$_3$ 同时反向起动运行。

如果需要让电动机正向运行，同样必须先按下按钮 SB$_3$，于是 KA$_2$ 线圈失电复位，变频器重新处于热备用状态。

如果需要长时间停机，可按下按钮 SB$_1$，接触器 KM 的线圈失电复位，其主触头断开三相交流电源，然后再关断电源开关 QF。

【重要提醒】

由于并联使用的单台电动机的功率较小，某台电动机发生过载故障时，不能直接启动变频器的内置过载保护开关，因此每台电动机必须单设热继电器。只要其中一台电动机过载，都将通过热继电器动断触头的动作，将接触器 KM 的线圈的工作条件中断，由交流接触器断开设备的工作电源，从而实现过载保护。

4.4.5 PLC 与变频器联机控制电路图识读

1. 变频与工频控制电路图

PLC 控制变频与工频的电路如图 4-49a 所示，其主电路与用继电器切换变频与工频相同。SA$_1$ 用于控制 PLC 的运行；SA$_2$ 的作用为工频运行和变频运行的切换开关。按钮 SF$_1$、ST$_1$、SF$_2$、ST$_2$ 的作用与用继电器切换变频与工频电路相同。

PLC 的梯形图如图 4-49b 所示，为了叙述方便，将梯形图分成五段，分别为 A 段、B 段、C 段、D 段和 E 段。说明如下：

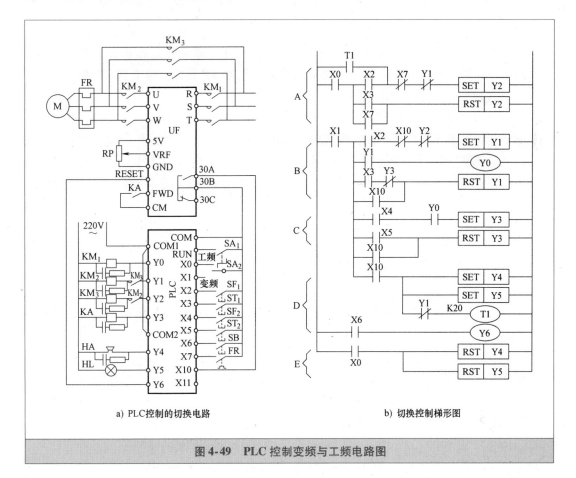

a) PLC 控制的切换电路   b) 切换控制梯形图

图 4-49 PLC 控制变频与工频电路图

（1）工频运行段（A段）

首先将选择开关 SA$_2$ 旋至"工频运行"位，使输入继电器 X0 动作，为工频运行做好准备。按起动按钮 SF$_1$，输入继电器 X2 动作，使输出继电器 Y2 动作并保持，从而接触器 KM$_3$ 动作，电动机在工频电压下起动并运行。按停止按钮 ST$_1$，输入继电器 X3 动作，使输出继电器 Y2 复位，从而接触器 KM$_3$ 失电，电动机停止运行。如果电动机过载，热继电器触头 FR 闭合，输入继电器 X7 动作，输出继电器 Y2、接触器 KM$_3$ 相继复位，电动机停止运行。

（2）变频通电段（B段）

首先将选择开关 SA$_2$ 旋至"变频运行"位，使输入继电器 X1 动作，为变频运行做好准备。按起动按钮 SF$_1$，输入继电器 X2 动作，使输出继电器 Y1 动作并保持。一方面使接触器 KM$_2$ 动作，将电动机接至变频器的输出端；另一方面，又使输出继电器 Y0 动作，从而接触器 KM$_1$ 动作，使变频器接通电源。按停止按钮 ST$_1$，输入继电器 X3 动作，在 Y3 未动作或已经复位的前提下，使输出继电器 Y1 复位，接触器 KM$_2$ 复位，切断电动机与变频器之间的联系。同时，输出继电器 Y0 与接触器 KM$_1$ 也相继复位，切断变频器的电源。

（3）变频运行段（C段）

按 SF$_2$，输入继电器 X4 动作，在 Y0 已经动作的前提下，输出继电器 Y3 动作并保持，继电器 KA 动作，变频器的 FWD 接通，电动机开始升速并运行，进入变频运行阶段。同时，Y3 的动断触点使停止按钮 ST$_1$ 暂时不起作用，防止在电动机运行状态下直接切断变频器的电源。按 ST$_2$，输入继电器 X5 动作，输出继电器 Y3 复位，继电器 KA 失电，变频器的 FWD 断开，电动机开始降速并停止。

（4）变频器跳闸段（D段）

如果变频器因故障而跳闸，变频器的"30B－30A"闭合，则 PLC 的输入继电器 X10 动作，一方面使 Y1 和 Y3 复位，从而输出继电器 Y0、接触器 KM$_2$ 和 KM$_1$、继电器 KA 也相继复位，变频器停止工作；另一方面，输出继电器 Y4 和 Y5 动作并保持，蜂鸣器 HA 和指示灯 HL 工作，进行声光报警。同时，在 Y1 已经复位的情况下，时间继电器 T1 开始计时，其动合触头延时后闭合，使输出继电器 Y2 动作并保持，电动机进入工频运行状态。

（5）故障处理段（E段）

报警后，操作人员应立即将 SA 旋至"工频运行"位。这时，输入继电器 X0 动作，一方面使控制系统正式转入工频运行方式；另一方面，使 Y4 和 Y5 复位，停止声光报警。当变频器的故障处理完毕，重新通电后，须首先按下复位按钮 SB，使 X6 动作，从而 Y6 动作，变频器的 RESET 接通，使变频器的故障状态复位。

2. 电动机正转控制电路图

在许多场合，变频器的控制电路与 PLC 相结合，是十分方便的。一般来说，单独的电动机正转控制电路是没有必要通过 PLC 来控制的，但作为复杂控制电路的一个基本单元，则并不罕见。

变频器外接 PLC 正转控制电路如图 4-50 所示。

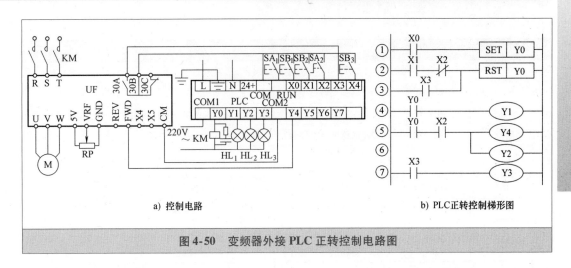

a) 控制电路　　　　　　　　　　　b) PLC正转控制梯形图

图4-50　变频器外接PLC正转控制电路图

在输入侧，用转换开关 SA_1 使 PLC 开始运行；按钮 SB_1 用于使接触器 KM 动作；SB_2 用来使 KM 失电释放；转换开关 SA_2 用于使变频器 VF 开始工作。

VF 跳闸后的保护触点 "30A－30B" 接至 PLC 的 X3 和 COM 之间，一旦变频器发生故障，PLC 将立即做出反映，使系统停止工作；按钮 SB_3 用于处理完故障后使系统复位（复位按钮）。

在输出侧，Y0 与接触器 KM 的线圈相接，用于控制 VF 的通电或断电；Y1、Y2、Y3 与指示灯 HL_1、HL_2、HL_3 相接，分别表示变频器通电、变频器运行及故障报警。

【重要提醒】

为便于读者识图，分析该电路的工作过程，图4-50对梯形图中的各"行"进行了编号。在分析梯形图的工作过程时，约定继电器"动作"的含义包括：线圈得电、动合触点闭合、动断触点断开；继电器复位的含义则相反。

电动机正转控制梯形图的程序见表4-7，可作为梯形图的编制说明与检验。

表4-7　电动机正转控制梯形图的程序

程 序 号	程　　序	说　　明	电路中的对应动作	所 在 行
变频器接通电源程序				
0	LD X0	X0 得到信号并动作	按下起动按钮 SB_1	①
1	SET Y0	Y0 动作，并自锁	KM 动作，变频器接通电源	①
变频器切断电源程序				
2	LD X1	X1 得到信号	按下停止按钮 SB_2	②
3	ANI X2	如 X2 得到信号，则取反后与之串联	如 SA_2 接通，说明变频器处于工作状态，不能断电	②
4	OR X3	X3 与上述电路并联	变频器因故障而跳闸	③
5	RST Y0	Y0 复位	KM 复位，变频器断电	②

（续）

程 序 号	程　　序	说　　明	电路中的对应动作	所 在 行
变频器运行程序（在上述断电程序并未实施的情况下）				
6	LD Y0	Y0 的辅助触点闭合	–	④
7	OUT Y1	Y1 动作	HL₁ 亮，说明变频器已通电	④
8	LD Y0	Y0 的辅助触点闭合	–	⑤
9	AND X2	如 X2 得到信号，则与之串联	SA₂ 旋至接通位	⑤
10	OUT Y4	Y4 动作	变频器 FWD 接通，正转运行	⑤
11	OUT Y2	Y2 动作	HL₂ 亮，说明变频器已运行	⑥
变频器跳闸后的故障程序				
12	LD X3	X3 得到信号并动作	变频器跳闸	③
13	RST Y0	Y0 复位	KM 复位、变频器断电	②
14	LD X3	X3 的又一触点闭合	变频器跳闸	⑦
15	OUT Y3	Y3 动作	HL₃ 亮，发出报警信号	⑦
16	END	程序结束		

第 5 章

常用机床控制电气图识读

5.1 机床控制电气图识读基础

5.1.1 认识机床控制常用电气图

1. 常用机床控制电气图

继电器-接触器机床控制电路的常用电气图有电气原理图和电气接线图两大类。

$$
机床电气图
\begin{cases}
电气原理图
\begin{cases}
主电路 \\
控制电路 \\
照明和显示电路
\end{cases} \\
电气安装图
\begin{cases}
电器安装图 \\
电气互连图
\end{cases}
\end{cases}
$$

2. 机床电气原理图结构说明

机床电气原理图主要由主电路、控制电路和照明及显示电路组成，一般采用电气元件展开的形式绘制，包括所有电气元件的导电部件和接线端点，但并不按照电气元件的实际位置来绘制，也不反映电气元件的大小。如图 5-1 所示为某机床电气原理图的结构说明。

3. 机床控制电气图的特点

1）从电路结构上看，机床电路有多种，有的简单，有的复杂，其共同点是电气系统与机械系统联系非常密切，且相互影响，相互制约。

2）有些机床，如龙门刨床、万能铣床的工作台要求在一定距离内能自动往返循环，实现对工件的连续加工，常采用行程开关控制的电动机正、反转自动循环控制电路。

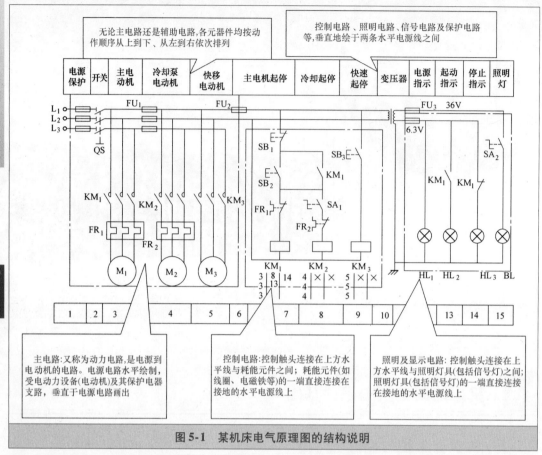

图 5-1　某机床电气原理图的结构说明

在电气图中，对具有循环运动的机构，应给出工作循环图；万能转换开关和行程开关应绘出动作程序和动作位置，如图 5-2 所示。

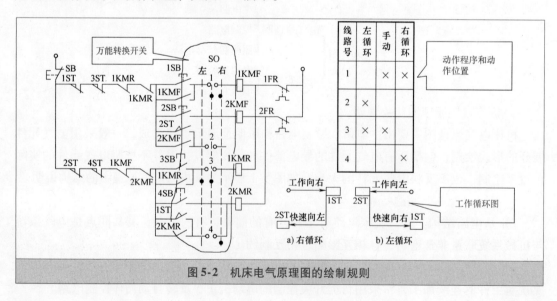

图 5-2　机床电气原理图的绘制规则

3）为了使电动机的正、反转控制与工作台的前进、后退运动相配合，控制电路中常设置行程开关，按要求安装在固定的位置上。当工作台运动到预定位置时，行程开关动作，自动切换电动机正、反转控制电路，通过机械传动机构使工作台自动往返运动，如图 5-3 所示。

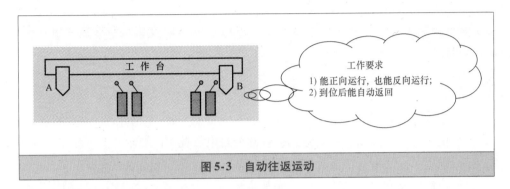

图 5-3　自动往返运动

4）机床控制电气图一般幅面较大、内容较复杂，为了确定图上内容的位置及其用途，电气图应进行分区，如图 5-1 所示。

【重要提醒】

在垂直布置电气原理图中，上方一般按主电路及各功能控制环节自左至右进行文字说明分区，并在各分区框内加注文字说明，以帮助对机床电气原理的阅读理解；下方一般按"支路居中"原则从左至右进行数字标注分区，并在各分区框内加注数字，以方便继电器、接触器等电器触头位置的查阅。

对于水平布置的电气原理图，则实现左右分区。左方自上而下进行文字说明分区，右方自上而下进行数字标注分区。

5）在幅面较大的复杂电气原理图中，为检索方便，就需在电磁线圈图形符号下方标注电磁线圈的触头索引代号表，如图 5-4 所示。

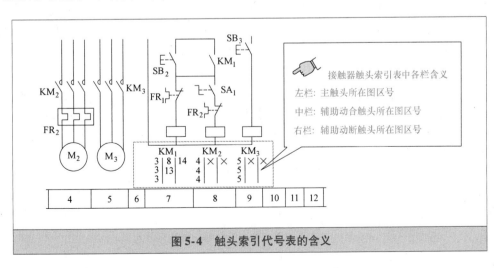

图 5-4　触头索引代号表的含义

【重要提醒】

对于接触器触头索引代号分为左中右三栏。左栏，数字表示主触头所在的数字分区号；中栏，数字表示动合辅助触头所在的数字分区号；右栏，则表示动断辅助触头所在的数字分区号。

对于继电器触头索引代号分为左右两栏。左栏，表示动合触头所在数字分区号；右栏，表示动断触头所在数字分区号。

5.1.2 机床电气图识图步骤及方法

1. 机床电气图识读步骤

1）了解机床的主要结构、运动方式、各部分对电气控制的要求。

2）分析主电路。了解各电动机的用途、传动方案、控制方法及其工作状态。

3）分析控制电路和执行电路。拆分成基本环节来分析各主令电器（如操作手柄、开关、按钮）在电路中的功能。

4）分析电路中所能实现的保护、联锁及信号和照明电路的控制。

【重要提醒】

一般来说，机床电气控制电路都比较复杂。识图前，首先应阅读说明书，从说明书上了解或分析机械设备对电力拖动有哪些要求；了解这台机床设备有什么特殊的功能。看机床设备的工作运行简图及工作动作流程图，如果说明书上没有这些内容，也可从设备的操作规程或方法中去了解，然后自己画出一张识图用的工作动作流程图。画此图未必十分准确，在细读时可再作修改。

2. 机床电气图识读方法

识读机床电气图的一般方法是先看主电路，再看控制电路，并用控制电路的各个支路去研究主电路的控制程序，"化整为零"，对若干个局部控制电路"各个击破"。

（1）分析主电路

从主电路入手，根据每台电动机和执行电器的控制要求，分析各电动机和执行电器的控制内容，见表5-1。

表5-1　机床电气图主电路分析法

序　号	分 析 方 法	说　　明
1	看电源，分清电源电压的等级是220V还是380V	一般机床所用的电源均是380V、50Hz的三相交流电源，需采用直流电源的机床往往采用直流发电机或整流装置供电 随着电子技术的发展，特别是大功率整流管及晶闸管的出现，一般通过整流装置来获得直流电
2	看分清电动机的接线	有的电动机是Y联结或YY（双星）联结，有的电动机是△联结，有的电动机是Y-△联结

（续）

序　号	分析方法	说　明
3	看电动机的运行要求	有的电动机要求始终以一个速度运转，有的电动机则要求具有两种速度（低速和高速），还有的电动机是多速运转的，也有的电动机有几种顺向转速和一种反向转速，顺向做功，反向走空车等
4	看用电设备的电气控制元件	有的直接用开关控制，有的用各种起动器控制，有的用接触器或继电器控制
5	看主电路中所用的控制电器及保护电器	前者是指除常规接触器以外的其他电气元件，如电源开关（转换开关及断路器）、万能转换开关等。后者是指短路保护器件及过载保护器件，如断路器中的电磁脱扣器及热过载脱扣器、熔断器、热继电器和过电流继电器等

（2）分析控制电路

在分析控制电路时，要根据主电路中各电动机和执行电器的控制要求，逐一找出控制电路中的控制环节，将控制电路"化整为零"，按功能不同划分成若干个局部控制电路来进行分析。如果控制电路较复杂，则可先排除照明、显示等与控制关系不密切的电路，以便集中精力分析控制电路。分析控制电路的方法见表5-2。

表 5-2　机床电气图控制电路分析法

序　号	分析方法	说　明
1	看电源	1）看清电源的种类是交流电源还是直流电源 2）看清辅助电路的电源是从什么地方接来的，其电压等级是多少 辅助电路的电源一般从主电路的两条相线上接来，其电压为单相380V。有的从主电路的一条相线和零线上接来，电压为单相220V。此外，也可以从专用隔离电源变压器接来，电压有127V、110V、36V、6.3V等 变辅助电路为直流时，直流电源可从整流器、发电机组或放大器上接来，其电压一般为24V、12V、6V、4.5V、3V等
2	看控制电路中所采用的各种继电器和接触器的用途	如果电路中采用了一些特殊结构的继电器，则应了解它们的动作原理，只有这样才能了解它们在电路中如何动作以及具有何种用途
3	结合主电路的要求，分析控制电路的动作过程	控制电路总是按动作顺序画在两条垂直线之间的。因此，也就可以从左到右或从上到下进行分析
4	看电气元件之间的相互关系	电路中的一切电气元件都不是孤立存在的，而是相互联系、相互制约的。这种互相控制的关系有时表现在一条支路中，有时表现在几条支路中
5	看其他电气设备和电气元件	如整流设备、照明灯等

【重要提醒】

复杂的控制电路在电路中构成一条大支路，这条大支路又分成几条独立的小支路，每条小支路控制一个用电器或一个动作。当某条小支路形成的闭合回路中有电流流过时，支路中的电气元件（接触器或继电器）便动作，把用电设备接入或切断电源。在控制电路中，一般是靠按钮或转换开关把电路接通的。对控制电路的分析，必须随时结合主电路的动作要求来进行。只有全面了解主电路对控制电路的要求以后，才能真正掌握控制电路的动作原理。不可孤立地看待各部分的动作原理，而应注意各个动作之间是否有互相制约的关系，如电动机正、反转之间应设有联锁功能等。

（3）分析辅助电路中的执行元件

在信号、显示与照明等辅助电路中，工作状态显示、电源显示、参数测定、故障报警和照明电路等部分多是由控制电路中的元器件来控制的，因此还要回过头来对照控制电路对这部分电路进行分析。

（4）分析联锁与保护环节

生产机械对安全性、可靠性有很高的要求，实现这些要求，除了合理地选择拖动、控制方案以外，在控制电路中还设置了一系列电气保护和必要的电气联锁措施。在电气控制电路图的分析过程中，电气联锁与电气保护环节是一个重要内容，不能遗漏。

（5）分析特殊控制环节

在某些控制电路中，还设置了一些与主电路、控制电路关系不密切、相对独立的特殊环节，如产品计数装置、自动检测系统、晶闸管触发电路和自动调温装置等。这些部分往往自成一个小系统，其看图分析的方法可参照上述分析过程，并灵活运用所学过的电子技术、变流技术、自控系统、检测与转换等知识逐一分析。

（6）总体检查

经过"化整为零"，逐步分析每一局部电路的工作原理以及各部分之间的控制关系后，还必须用"集零为整"的方法，检查整个控制电路，看是否有遗漏。特别要从整体角度去进一步检查和了解各控制环节之间的联系，以便清楚地理解电路图中每一个电气元件的作用、工作过程及主要参数。

【重要提醒】

在阅读机床电气图以前，要求对机床运动的特点有所了解，尤其是对于机、电、液配合密切的能自动循环的机床更是如此。如果只凭电气原理图是不能看懂其控制原理的，只有在弄清有关的机械传动及液压传动后，才能了解电气控制线路的全部工作原理。

5.2　车床电气图识读

图5-5所示为C6140卧式车床电气原理图。C6140卧式车床的主要运动形式及控制要求见表5-3。

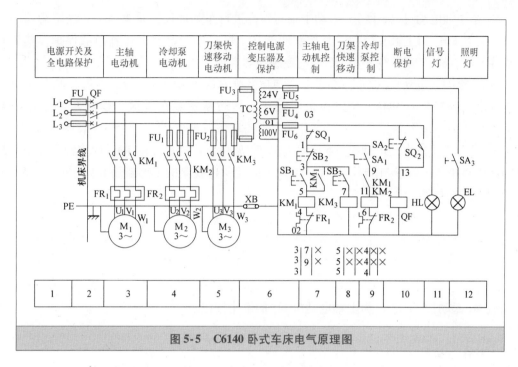

图 5-5 C6140 卧式车床电气原理图

表 5-3 C6140 卧式车床的主要运动形式及控制要求

运动类型	运动形式	控制要求
主运动	主轴通过卡盘或顶尖带动工件的旋转运动	1）主轴电动机选用三相笼型异步电动机，不进行电气调速，主轴采用齿轮箱进行机械有级调速 2）车削螺纹时，要求主轴有正反转，一般由机械方式实现，主轴电动机只作单向运转 3）主轴电动机容量不大，在电网容量满足要求的情况下，可直接起动，起动和停止采用按钮操作
进给运动	刀架带动刀具的纵向和横向直线运动	由主轴电动机拖动，主轴电动机的动力通过挂轮箱传递给进给箱来实现刀具的纵向和横向进给。加工螺纹时，要求刀具的移动与主轴转动有固定的比例关系
辅助运动	刀架的快速移动	由刀架快速移动电动机拖动，可直接起动，不需正反转和调速
	尾架的纵向移动	由手动操作控制
	工件的夹紧与放松	由手动操作控制
	加工过程的冷却	冷却泵电动机和主轴电动机实现顺序控制，不需正反转和调速

（1）主电路（3~5 区）

三相电源 L_1、L_2、L_3 由低压断路器 QF 控制（1、2 区）。从 3 区开始就是主电路。主电路有三台电动机。

  M_1 是主轴电动机（3 区），带动主轴对工件进行车削加工，是主运动和进给运动的电动机。它由 KM_1 的主触头控制，其控制线圈在 7 区，热继电器 FR_1 作过载保护，其动断触头在 3 区。M_1 的短路保护由 QF 的电磁脱扣器实现。

  M_2 是冷却泵电动机（4 区），带动冷却泵供给刀具和工件冷却液。它由 KM_2 的主触头控制，其控制线圈在 9 区。FR_2 作过载保护，其动断触头在 9 区。熔断器 FU_1 作短路保护。

  M_3 是刀架快速移动电动机（5 区），带动刀架快速移动。它由 KM_3 的主触头控制，其控制线圈在 8 区。由于 M_3 容量较小，因此不需要作过载保护。熔断器 FU_2 作短路保护。

  （2）控制电路（6~10 区）

  控制电路由控制变压器 TC 提供 110V 电源，熔断器 FU_6 作短路保护，FU_3 为控制变压器一次侧短路保护（6 区）。7~9 区分别为主轴电动机 M_1、刀架快速移动电动机 M_3、冷却泵电动机 M_2 的控制线路。挂轮安全行程开关 SQ_1 作 M_1、M_2、M_3 的断电安全保护开关。

  7 区为主轴电动机 M_1 的控制线路，是典型的电动机单向连续转控制线路。SB_1 为主轴电动机 M_1 起动按钮，SB_2 为主轴电动机 M_1 的停止按钮。

  8 区为刀架快速移动电动机 M_3 的控制线路，是典型的电动机单向点动控制线路。由按钮 SB_3 作点动控制。

  9 区为冷却泵电动机 M_2 的控制线路。由旋钮开关 SA_1 操纵，KM_2 的动合触头（9、11）控制。因此，M_2 需要 M_1 起动后才能起动，如 M_1 停转，M_2 也同时停转，即 M_1、M_2 采用的是顺序控制方式。

  10 区是断电保护部分。带钥匙的旋钮开关 SA_2 是电源开关锁，开动机床时，先用钥匙向右旋转旋钮开关 SA_2 或压下电气箱安全行程开关 SQ_2，再合上低压断路器才能接通电源。

  （3）信号灯和照明灯电路（11~12 区）

  信号灯和照明灯电路的电源由控制变压器 TC 提供。信号灯电路（11 区）采用 6V 交流电压电源，信号灯 HL 接在 TC 二次侧的 6V 线圈上，信号灯亮表示控制线路有电。

  照明电路采用 24V 交流电压（12 区）。照明电路由钮子开关 SA_3 和照明灯 EL 组成。照明灯 EL 的另一端必须接地，以防止照明变压器一次绕组和二次绕组间发生短路时可能发生的触电事故。熔断器 FU_4、FU_5 分别作信号灯电路的照明电路的短路保护。

5.3　磨床电气图识读

  平面磨床电气原理图如图 5-6 所示，主要运动形式及控制要求见表 5-4。

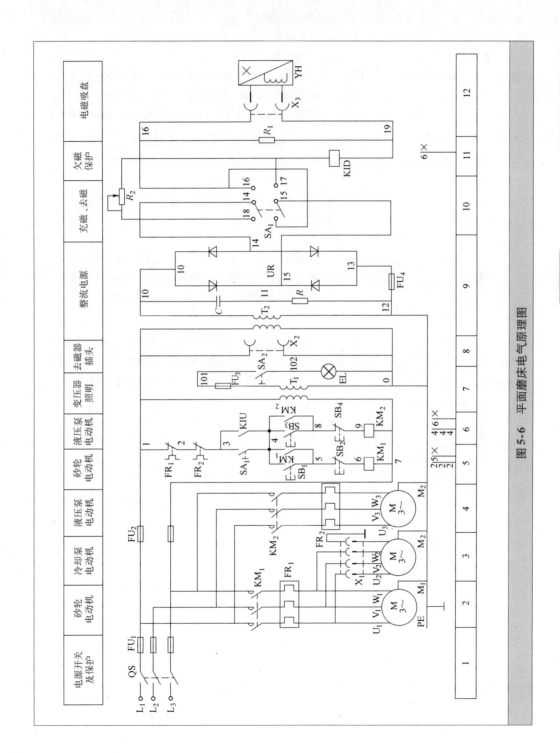

图 5-6　平面磨床电气原理图

表 5-4　平面磨床的主要运动形式及控制要求

运动类型	运动形式	控制要求
主运动	砂轮的旋转运动	1）为保证磨削加工质量，要求砂轮有较高的转速，通常采用笼型异步电动机拖动 2）为了提高高速旋转的砂轮主轴的刚性，采用装入式电动机拖动，电动机与砂轮主轴同轴，从而提高了磨床的加工精度 3）砂轮电动机只要求单向旋转，直接起动，无调速和制动要求
进给运动	工作台的往复运动（纵向进给）	1）工作台的往复运动采用液压传动。液压传动较平稳，能实现无级调速，换向惯性小，换向平稳。液压电动机 M_3 拖动液压泵，经液压传动装置实现工作台的纵向运动 2）由装在工作台前侧的换向挡铁碰撞床身上的液压换向开关控制工作台进给方向
	砂轮的横向进给运动（前后进给）	1）在磨削过程中，工作台换向一次，砂轮架就横向进给一次 2）在修正砂轮或调整砂轮的前后位置时，可连续横向移动 3）砂轮的横向进给运动可由液压传动，也可用手轮来操作
	砂轮架的升降运动（垂直进给）	1）滑座沿立柱的导轨垂直上下移动，以调整砂轮架的上下位置，或使砂轮磨入工件，以控制磨削平面时工件的尺寸 2）垂直进给运动是通过操作手轮由机械传动装置实现的
辅助运动	工件的夹紧	1）工件可以用螺钉和压板直接固定在工作台上 2）在工作台上可以装电磁吸盘，将工件吸附在电磁吸盘上。此时应有正向励磁和反向退磁控制环节，为保证安全，电磁吸盘与三台电动机 M_1、M_2、M_3 之间有电气联锁，即电磁吸盘吸合后，电动机才能起动。电磁吸盘不工作或发生故障时，三台电动机均不能起动
	工作台的快速移动	工作台能在纵向、横向和垂直三个方向快速移动，由液压传动机构实现
	工件的夹紧与放松	由人力操作
	工件冷却	冷却泵电动机 M_2 拖动冷却泵旋转供给冷却液，要求砂轮电动机 M_1 和冷却泵电动机 M_2 要实现顺序控制

　　平面磨床主电路共有三台电动机，其中 M_1 为砂轮电动机，M_2 为冷却泵电动机，M_3 为液压电动泵电动机，均要求单向旋转。电动机 M_1 和 M_2 同时由接触器 KM_1 的主触头控制，而冷却泵电动机 M_2 的控制电路接在接触器 KM_1 主触头下方，经插座 X_1 实现单独关断控制。液压泵电动机由接触器 KM_3 的主触头控制。

　　三台电动机共用熔断器 FU_1 作短路保护，M_1 和 M_2 由热继电器 FR_1 作长期过载保护，M_3 由热继电器 FR_2 作长期过载保护。为了保护砂轮与工件的安全，当有一台电动机过载停机时，另一台电动机也应停止，因此将 FR_1、FR_2 的动断触头 5 串接在总控制电路中。

识读电路图时，可根据电动机主电路控制电器主触头文字符号和电磁吸盘文字符号对电路进行分析。

根据电动机 $M_1 \sim M_3$ 主电路控制元件的文字符号 KM_1、KM_2，在图区 5、6 中可找到 KM_1、KM_2 的线圈电路，由此可得电动机 $M_1 \sim M_3$ 的控制电路，如图 5-7 所示。在 KM_1、KM_2 线圈电路串联有动合触头 SA_1（3-4）和动合触头 KID（3-4）的并联电路。在图 5-6 中，由图区 10 可以看出，SA_1（3-4）为转换开关 SA_1 的一个动合触头；由图区 11 可以看出，KID（3-4）为欠电流继电器 KID 的一个动合触头。

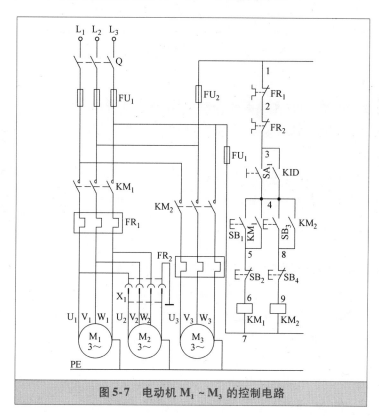

图 5-7 电动机 $M_1 \sim M_3$ 的控制电路

根据电磁吸盘的文字符号 YH，在图 5-6 的图区 9 ~ 12 中可以找到电磁盘控制电路，通过转换开关 SA_1 进行充磁、去磁控制，可得到如图 5-8 所示的充磁、去磁电路。

由图 5-7 和图 5-8 可以看出，$M_1 \sim M_3$ 控制电路和电磁吸盘控制电路通过转换开关 SA_1 和欠电流继电器 KID 进行联系。当 SA_1 扳到"充磁"、"去磁"位置时，可使吸盘工作，SA_1（3-4）断开，欠电流继电器 KIU 得电吸合，KIU（3-4）闭合，方可通过 KM_1、KM_2 起动电动机 $M_1 \sim M_3$。若将开关 SA_1 扳到"失电"位置，则电磁吸盘不工作，KIU 线圈不吸合，KIU（3-4）不闭合，但 SA_1（3-4）闭合，此时也可以通过 KM_1、KM_2 起动电动机 $M_1 \sim M_3$，以进行机床的调整试车。

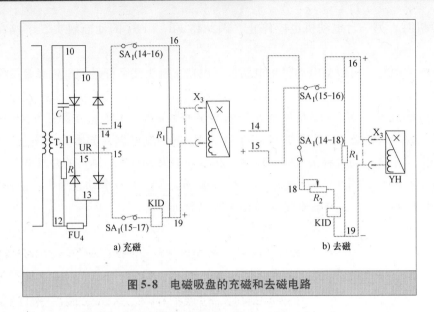

图 5-8　电磁吸盘的充磁和去磁电路

（1）砂轮电动机 M_1 和冷却泵电动机 M_2 的控制（见图 5-7）

由按钮 SB_1、SB_2 和接触器 KM_1 线圈组成砂轮电动机 M_1 和冷却泵电动机 M_2 单向运行的起动、停止控制电路。

（2）液压泵电动机 M_3 的控制（见图 5-7）

由按钮 SB_3、SB_4 和接触器 KM_2 线圈组成 M_3 单向运行的起动、停止控制电路。

【重要提醒】

电动机 M_1 ～ M_3 的起动必须在电磁吸盘 YH 工作，SA_1（3 – 4）断开，且欠电流继电器 KID 得电吸合，KID（3 – 4）闭合；或者电磁吸盘 YH 不工作，但转换开关 SA_1 置于"失电"位置，其 SA_1（3 – 4）闭合的情况下方可起动 M_3。

（3）电磁吸盘控制电路（见图 5-8）

电磁吸盘又称为电磁工作台，它是安装工件的一种夹具，与机械夹具相比，具有夹紧迅速，不损伤工件，一次能吸牢若干个工件，工作效率高，加工精度高等优点。但它的夹紧程度不可调整，电磁吸盘要用直流电源，且不能用于加工非磁性材料的工件。

1）电磁吸盘控制电路：

电磁吸盘控制电路由整流装置、控制装置和保护装置等组成。电磁吸盘整流装置由整流变压器 T_2 与桥式全波整流器 UR 组成。整流变压器将交流 220V 电压降为 127V 交流电压，再经全波整流后为电磁吸盘线圈提供 110V 直流电压。

电磁吸盘由主令开关 SA_1 来控制。SA_1 有三个位置：充磁、失电和去磁。当主令开关 SA_1 置于"充磁"位置（SA_1 开关向右）时，SA_1（14 – 16）、SA_1（15 – 17）接通；当 SA_1 置于"去磁"位置（SA_1 开关向左）时，SA_1（14 – 18）、SA_1（15 – 16）以及 SA_1（3 – 4）接通；当 SA_1 置于"失电"位置（SA_1 开关置中），SA_1 所有触头都断开。

电源总开关 QS 闭合，电磁吸盘整流电源就输出 110V 直流电压，接点 15 为电源正极，接点 14 为电源负极。

当 SA_1 扳到充磁位置时，电磁吸盘获得 110V 直流电压，其电流通路为，电源正极接点 15→已闭合的 SA_1（17-15）→欠流继电器 KID 线圈→接点 19→经插座 X3→YH 线圈→插座 X3→接点 16→已闭合的 SA_1（16-14）→电源负极 14。欠电流继电器 KID 线圈通过插座 X3 与电磁吸盘 YH 线圈串联。若电磁吸盘电流足够大，则欠电流继电器 KID 动作，其 KID（3-4）[6] 闭合，表示电磁吸盘吸力足以将工件吸牢，这时才可以分别操作控制按钮 SB_1 和 SB_3，从而起动砂轮电动机 M_1 和液压泵电动机 M_3 进行磨削加工。当加工结束后，分别按下停止按钮 SB_2、SB_4，M_1 和 M_3 停止旋转。

为了便于取下工件，需将 SA_1 开关从"充磁"位置迅速扳向"去磁"位置，再迅速扳向断开状态，这样就使电磁吸盘由正向磁化到反向励磁，瞬间打乱了磁分子的排列，使剩磁减少到最低限度，以便轻松地卸下工件。

当 SA_1 扳至"去磁"位置时，电磁吸盘线圈通入反向电流，即接点 16 为正，接点 19 为负，并串入可变电阻 R_2，用以调节反向去磁电流的大小，既达到去磁又不被反向磁化的目的。去磁结束后，将 SA_1 扳到"失电"位置，便可取下工件。若工件对去磁要求严格，则在取下工件后，还要用交流去磁器进行处理。交流去磁器是平面磨床的一个附件，在使用时，将交流去磁器插在床身备用插座 X_2 上，再将工件放在交流去磁器上来回移动若干次，即可完成去磁任务。

2）电磁吸盘保护环节：

① 电磁吸盘的欠电流保护：为了防止在磨削过程中，电磁吸盘回路出现失电或线圈电流减小，引起电磁吸力消失或吸力不足，造成工件飞出，引起人身与设备事故，在电磁吸盘线圈电路中串入欠电流继电器 KID 作欠电流保护。若励磁电流正常，则只有当直流电压符合设计要求，电磁吸盘具有足够的电磁吸力，KID（3-4）[6] 才能闭合，为起动 M_1、M_3 电动机进行磨削加工做好准备，否则不能开动磨床进行加工。若在磨削过程中出现线圈电流减小或消失，则欠电流继电器 KID 将因此而释放，其 KID（3-4）断开，KM_1、KM_2 失电，M_1、M_2、M_3 电动机立即停转，避免事故发生。

② 电磁吸盘线圈的过电压保护：由于电磁吸盘线圈匝数多、电感大，在得电工作时，线圈中储存着大量磁场能量。因此，当线圈脱离电源时，线圈两端将会产生很大的自感电动势，出现高电压，使线圈的绝缘及其他电气设备损坏。为此，在线圈两端并联了电阻 R_1，作为放电电阻，以吸收线圈储存的能量。

③ 电磁吸盘的短路保护：短路保护由熔断器 FU_4 来实现。

④ 整流装置的过电压保护：交流电路产生过电压和直流侧电路通断时，都会在整流变压器 T_2 的二次侧产生浪涌电压，该浪涌电压对整流装置 UR 有害。为此，应在 T_2 的二次侧接上 RC 阻容吸收装置，以吸收尖峰电压，同时通过电阻 R 来防止产生振荡。

（4）照明电路

照明电路由照明变压器 T_1 将 380V 电压降为 24V，并由开关 SA_2 控制　照明灯 EL，照明变压器二次侧装有熔断器 FU_3 作为短路保护。其一次侧短路可由熔断器 FU_2 实现保护。

5.4 钻床电气图识读

Z35 型摇臂钻床的电气原理图如图 5-9 所示，元件名称及作用见表 5-5。

表 5-5 元件符号名称及作用

符号	元件名称	作　用	符号	元件名称	作　用
M_1	冷却泵电动机	供给冷却液	SA_1	十字开关	控制 M_2 和 M_3
M_2	主轴电动机	主轴转动	SA_2	冷却泵电机开关	控制冷却泵电动机 M_1
M_3	摇臂升降电动机	摇臂升降	SA_3	照明开关	控制 EL
M_4	立柱夹紧松开电机	立柱夹紧松开	KA	零电压继电器	失电压保护
KM_1	交流接触器	控制主轴电动机	FR	热继电器	主电动机 M_2 过载保护
KM_2	交流接触器	摇臂上升	SQ_1	限位开关	摇臂升降限位开关
KM_3	交流接触器	摇臂下降	SQ_2	行程开关	摇臂夹紧行程开关
KM_4	交流接触器	立柱松开	SB_1	按钮	立柱松开（M_4 正转点动）
KM_5	交流接触器	立柱夹紧	SB_2	按钮	立柱夹紧（M_4 反转点动）
FU_1	熔断器	电源总保险	TC	控制变压器	控制、照明电路电源
FU_2	熔断器	M_3、M_4 短路保护	EL	照明灯泡	机床局部照明
FU_3	熔断器	照明电路短路保护	A	汇流排	
QS	转换开关	电源总开关			

1. 主电路

在主电路中，M_1 为冷却泵电动机，提供冷却液，由于容量较小，由转换开关 SA_2 直接控制。M_2 为主轴电动机，由接触器 KM_1 控制，热继电器 FR 作过载保护。M_3 为摇臂升降电动机，由接触器 KM_2 和 KM_3 控制其正反转的点动运行，不装过载保护。M_4 为立柱放松夹紧的电动机，由接触器 KM_4 和 KM_5 控制其正反转点动运行，不装过载保护。在主电路中，整个机床用 FU_1 作短路保护，M_3、M_4 及其控制回路共用 FU_2 作短路保护。除了冷却泵以外，其他的电源都通过汇流排 A 引入。

2. 控制电路

控制电路的电源为 AC127V，由变压器 TC 将 380V 交流电降为 127V 得到。该控制电路采用十字开关 SA_1 操作，十字开关由十字手柄和四个微动开关组成，十字手柄有 5 个位置："上"、"下"、"左"、"右"、"中"。十字开关每次只能扳到一个方向，接通一个方向的电路。十字开关的操作说明见表 5-6。

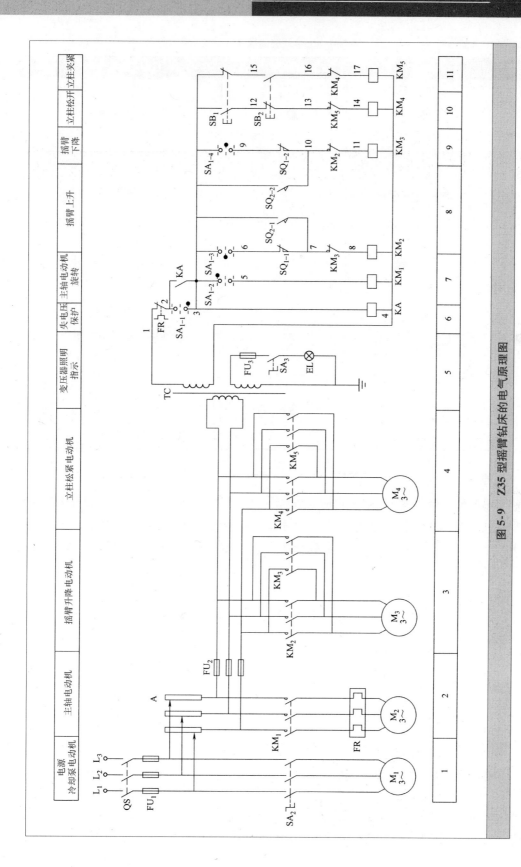

图 5-9 Z35 型摇臂钻床的电气原理图

表 5-6　十字开关的操作说明

手柄位置	实物位置	接通微动开关的触头	控制电路工作情况
中	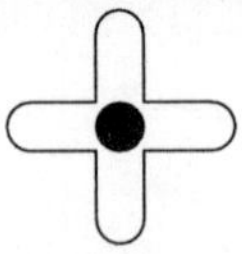	都不通	控制线路断电
左	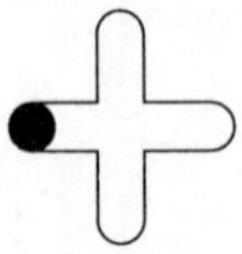	SA_{1-1}	KA 得电并自锁，零电压保护
右	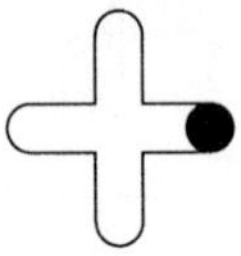	SA_{1-2}	KM_1 得电，主轴运转
上	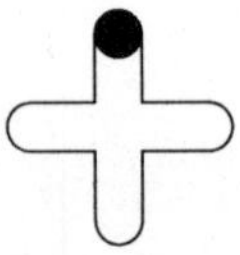	SA_{1-3}	KM_2 得电，摇臂上升
下	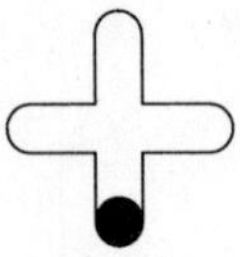	SA_{1-4}	KM_3 得电，摇臂下降

（1）零电压保护

闭合电源前应首先将十字开关扳向左边，微动开关 SA_{1-1} 接通，零电压继电器 KA 线圈通电吸合并自锁。当机床工作时，再将十字手柄扳向需要的位置。若电源断电，零电压继电器 KA 释放，其自锁触头断开；当电源恢复时，零电压继电器不会自动吸合，控制电路不会自动通电，这样可防止电源中断又恢复时，机床自行起动的危险。

（2）主轴电动机运转

将十字开关扳向右边，微动开关 SA_{1-2} 接通，接触器 KM_1 线圈通电吸合，主轴电动机 M_2 起动运转。主轴的正反转由主轴箱上的摩擦离合器手柄操作。摇臂钻床的钻头的旋转和上下移动都由主轴电动机拖动。将十字开关扳到中间位置，SA_{1-2} 断开，主轴电动机 M_2 停止。

（3）摇臂的升降

将十字手柄扳向上边，微动开关 SA_{1-3} 闭合，接触器 KM_2 因线圈通电而吸合，电动机 M_3 正转，带动升降丝杠正转。摇臂松紧机构如图 5-10 所示，升降丝杠开始正转时，升降螺母也跟着旋转，所以摇臂不会上升。下面的辅助螺母因不能旋转而向上移动，通过拨叉使传动松紧装置的轴逆时针方向转动，结果松紧装置将摇臂松开。在辅助螺母向上移动时，带动传动条向上移动。当传动条压上升降螺母后，升降螺母就不能再转动了，而只能带动摇臂上升。在辅助螺母上升而转动拨叉时，拨叉又转动开关 SQ_2 的轴，使 SQ_{2-2} 闭合，为夹紧作准备。这时 KM_2 的动断触头断开，接触器 KM_3 线圈不会通电。

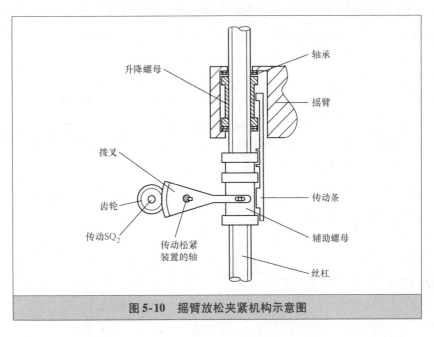

升降螺母　轴承　摇臂　拨叉　齿轮　传动SQ_2　传动松紧装置的轴　传动条　辅助螺母　丝杠

图 5-10　摇臂放松夹紧机构示意图

当摇臂上升到所需的位置时，将十字开关扳回到中间位置，这时接触器 KM_2 因线圈断电而释放，其 KM_2（10-11）闭合，因 SQ_{2-2} 已闭合，接触器 KM_3 线圈通电而吸合，电动机 M_3 反转使辅助螺母向下移动，一方面带动传动条下移而与升降螺母脱离接触，升降螺母又随丝杠空转，摇臂停止上升；另一方面辅助螺母下移时，通过拨叉又使传动松紧装置的轴顺时针方向转动，结果松紧装置将摇臂夹紧；同时，拨叉通过齿轮转动开关 SQ_2 的轴，使摇臂夹紧时 SQ_{2-2} 断开，接触器 KM_3 释放，电动机 M_3 停止。

将十字开关扳到下边，微动开关 SA_{1-4} 闭合，接触器 KM_3 因线圈通电而吸合，电动机 M_3 反转，带动升降丝杠反转。开始时，升降螺母也跟着旋转，所以摇臂不会下降。下面的辅助螺母向下移动，通过拨叉使传动松紧装置的轴顺时针方向转动，结果松紧装置也是先将摇臂松开。在辅助螺母向下移动时，带动传动条向下移动。当传动条压住上升螺母后，升降螺母也不转动了，而带动摇臂下降。辅助螺母下降而转动拨叉时，拨叉又转动组合开关 SQ_2 的轴，使 SQ_{2-1} 闭合，为夹紧作准备。这时 KM_3（7-8）是断开的。

当摇臂下降到所需要的位置时，将十字开关扳回到中间位置，这时 SA_{1-4} 断开，接触器 KM_3 因线圈断电而释放，其动断触头闭合，又因 SQ_{2-1} 已闭合，接触器 KM_2 因线圈通电而吸合，电动机 M_3 正转使辅助螺母向上移动，带动传动条上移而与升降螺母脱离接触，升降螺母又随丝杠空转，摇臂停止下降；辅助螺母上移时，通过拨叉使传动松紧装置的轴逆时针方向转动，结果松紧装置将摇臂夹紧；同时，拨叉通过齿轮转动组合开关 SQ_2 的轴，使摇臂夹紧时 SQ_{2-1} 断开，接触器 KM_2 释放，电动机 M_3 停止。

限位开关 SQ_1 是用来限制摇臂升降的极限位置。当摇臂上升到极限位置时，SQ_{1-1} 断开，接触器 KM_2 因线圈断电而释放，电动机 M_3 停转，摇臂停止上升。当摇臂下降到极限位置，SQ_{1-2} 断开，接触器 KM_3 因线圈断电而释放，电动机 M_3 停转，摇臂停止下降。

（4）立柱和主轴箱的松开与夹紧

立柱的松开与夹紧是靠电动机 M_4 的正反转通过液压装置来完成的。当需要立柱松开时，可按下按钮 SB_1，接触器 KM_4 因线圈通电而吸合，电动机 M_4 正转，通过齿轮离合器，M_4 带动齿轮式油泵旋转，从一定的方向送出高压油，经一定的油路系统和传动机构将外立柱松开。松开后可放开按钮 SB_1，电动机停转，即可用手推动摇臂连同外立柱绕内立柱转动。当转动到所需位置时，可按下 SB_2，接触器 KM_5 因线圈通电而吸合，电动机 M_4 反转，通过齿轮式离合器，M_4 带动齿轮式离合器反向旋转，从另一方送出高压油，在液压推动下将立柱夹紧。夹紧后可放开按钮 SB_2，接触器 KM_5 因线圈断电而释放，电动机 M_4 停转。

Z35 型摇臂钻床的主轴箱在摇臂上的松开与夹紧和立柱的松开与夹紧由同一台电动机 M_4 和同一液压机构进行。

（5）冷却泵电动机的控制

冷却泵电动机 M_1 由转换开关 SA_2 直接控制。

3. 照明电路

照明电路的电压是 36V 安全电压，由变压器 TC 提供。照明灯一端接地，保证安全。照明灯由开关 SA_3 控制，由熔断器 FU_3 作短路保护。

在电路中，零电压继电器 KA 起零电压保护作用。在机床动作时，若线路断电，KA 线圈断电，其动合触头断开，使整个控制电路断电。当电压恢复时，KA 不能自行通电，必须将十字开关手柄扳至左边位置，KA 才能再次通电吸合。从而避免了机床断电后电压恢复时的自行起动。

【重要提醒】

由于 Z35 型摇臂钻床采用了四台电动机拖动，因此分清每台电动机的功用，是正确分析本电路的第一步。例如，M_1 为冷却泵电动机、M_2 为主轴电动机、M_3 为摇臂升降电动机、M_4 为立柱松紧电动机。其次，分清每个接触器的作用及工作状态，是分析本电路的关键。

主轴电动机 M_2 的起、停和摇臂升降电动机 M_3 的正、反转由一个机械定位的十字开关操作；内外立柱的夹紧与放松是一套电气-液压-机械装置；摇臂对外立柱的夹紧与放松则是在摇臂作升降操作时自动完成的，其机构是一套电气-机械装置。

5.5 其他常用机床电气图识读

5.5.1 卧式镗床电气图识读

如图 5-11 所示为卧式镗床电气原理图。

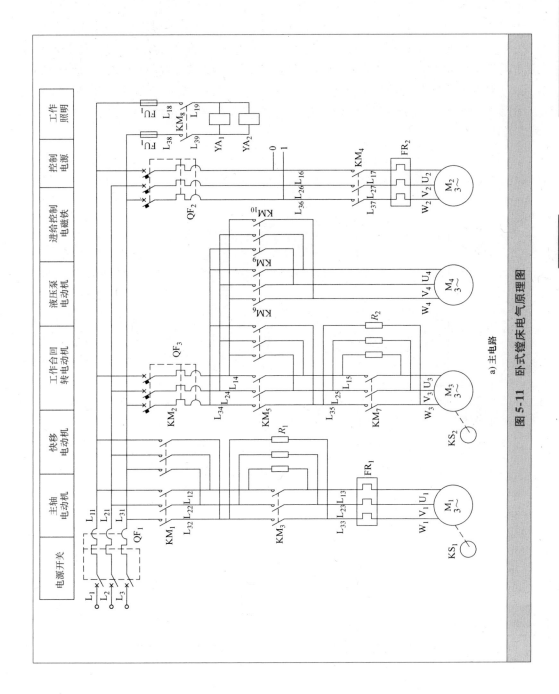

图 5-11 卧式镗床电气原理图

a) 主电路

144

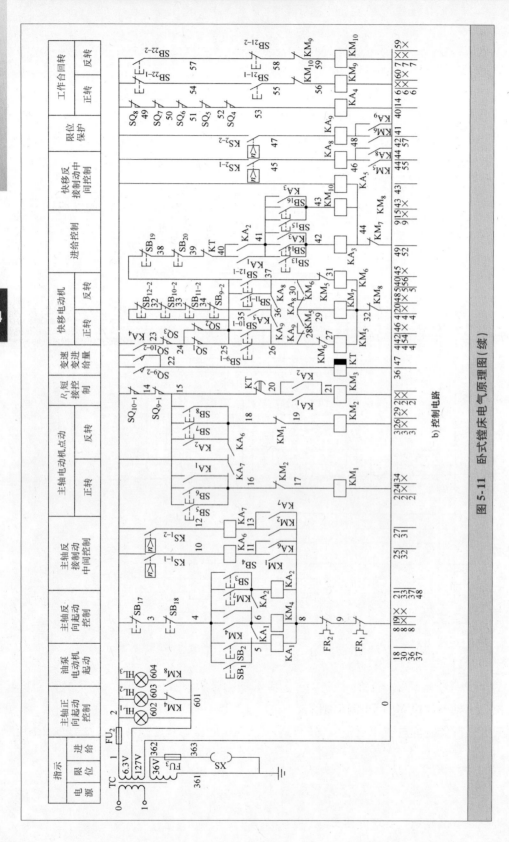

图5-11 卧式镗床电气原理图（续）

b) 控制电路

1. 主电路

卧式镗床主电路采用 380V 三相交流电源供电，其控制回路、照明灯、指示灯则由控制变压器 TC 降压供电，电压分别为 127V、36V、6.3V。

M_1 为主轴电动机，由接触器 KM_1、KM_2 控制，KM_3 用于短接制动限流电阻 R_1，热继电器 FR_1 作为主轴电动机 M_1 的过载保护元件；M_2 为液压泵电动机，由接触器 KM_4 控制，热继电器 FR_2 用于为液压泵电动机提供过载保护；M_3 为快速移动电动机，由接触器 KM_5、KM_6 控制，KM_7 用来短接反接制动电阻 R_2；M_4 为工作台回转电动机，由接触器 KM_9、KM_{10} 控制。

低压断路器 QF_1 是机床的电源总开关，QF_2 是液压泵电动机 M_2 和控制回路电源的开关，QF_3 是快速移动电动机 M_3 和工作台回转电动机 M_4 的开关。QF_1、QF_2、QF_3 均兼有短路保护和过载保护的功能。当 QF_1、QF_2 合上时，控制变压器 TC 一次绕组接通电源，操纵台上的信号指示灯 HL_1 亮。

2. 主轴电机 M_1 的控制

（1）主轴正、反转控制

由正、反转起动按钮 SB_1（或 SB_2）、SB_3（或 SB_4），正、反转起动中间继电器 KA_1、KA_2，正、反转接触器 KM_1、KM_2 组成主轴起动控制电路。

按下起动按钮 SB_1 或 SB_2，KA_1 动合触头闭合，KM_1、KM_3 和 KM_4 线圈均得电，KM_3 主触头闭合短接限流电阻 R_1，KM_4 主触头闭合使液压泵电动机 M_2 起动，KM_1 主触头闭合使主轴电动机 M_1 工作，并且主轴电动机通过液压泵电动机的控制接触器 KM_4 完成自锁，保证了机床工作时的润滑。

反向起动过程与正向起动基本相同，参与控制的电器是反向起动按钮 SB_3（或 SB_4）、中间继电器 KA_2，反转接触器 KM_2 和接触器 KM_3。

（2）主轴停车反接制动控制

由主轴停车按钮 SB_{17}（或 SB_{18}），速度继电器 KS_{1-1}，中间继电器 KA_6、KA_7，接触器 KM_1、KM_2、KM_3 等组成主轴的反接制动控制电路。

如果主轴电动机 M_1 停车前为正向转动，KA_1、KM_4、KM_1、KM_3 得电吸合，速度继电器 KS_{1-1} 的正转动合触头闭合，中间继电器 KA_6 得电并自锁，为反接制动做好准备。需要停车时，按下主轴停止按钮 SB_{17} 或 SB_{18}，KA_1、KM_4、KM_1、KM_3 线圈失电，触头释放复位，KA_6 动合触头闭合使 KM_2 线圈得电，KM_2 主触头闭合，M_1 串入限流电阻 R_1 进行反接制动，当速度下降到 100r/min 时，速度继电器 KS_{1-1} 动合触头断开，KA_6、KM_2 线圈失电，触头复位，主轴电动机 M_1 停车制动结束。

反向旋转时的制动过程与正向转动的制动过程基本一致，参与控制的电器是速度继电器 KS_{1-2} 的反转动合触头、中间继电器 KA_7 和接触器 KM_1。

（3）主轴点动控制

由正、反转点动按钮 SB_5（或 SB_6）、SB_7（或 SB_8）以及正、反转接触器 KM_1、KM_2 组成主轴的正、反转点动控制电路。

按下正向点动按钮 SB_5（或 SB_6），正转接触器 KM_1 得电，主轴电动机 M_1 串入限流电阻 R_1 低速正向旋转。松开 SB_5（或 SB_6），电动机通过速度继电器 KS_{1-1} 的正转动合触头、中间继电器 KA_6、反转接触器 KM_2 制动停车。

反向点动与正向点动的动作过程相似，参与控制的电器是按钮 SB_7（或 SB_8）和接触器 KM_2。

3. 限位保护

限位保护电路由中间继电器 KA_4 和位置开关 SQ_4、SQ_5、SQ_6、SQ_7 和 SQ_8 组成。其中 SQ_4 用于限制上滑座行程，SQ_5 用于限制下滑座行程，SQ_6 限制主轴返回行程，SQ_7 限制主轴伸出移动行程，SQ_8 限制主轴行程。限位位置开关均未动作时，KA_4 线圈得电，其动合触头接通进给及快速移动的控制电路。

4. 进给控制

进给运动方式有自动进给和点动进给，由自动进给按钮 SB_{13}（或 SB_{14}）、点动进给按钮 SB_{15}（或 SB_{16}）、继电器 KA_3、接触器 KM_8 和牵引电磁铁 YA_1、YA_2 组成进给控制电路。

按下自动进给按钮 SB_{13}（或 SB_{14}），继电器 KA_3 线圈得电并自锁，KA_3 的动合触头闭合，接通接触器 KM_8 线圈的电源，使牵引电磁铁 YA_1、YA_2 得电吸合，进给信号灯 HL_3 亮，表明自动进给开始。

按下点动进给按钮 SB_{15}（或 SB_{16}）时、接触器 KM_8 直接得电吸合，但不能自锁，牵引电磁铁 YA_1、YA_2 吸合，点动进给开始，松开 SB_{15}（或 SB_{16}）时，KM_8、YA_1、YA_2 相继断电，点动进给停止。

5. 主轴变速与进给量变换的控制

需要主轴直接变速动作时，可拉出主轴变速手柄，让位置开关 SQ_9 压下，SQ_{9-1} 断开使 KM_1、KM_3 线圈失电，M_1 断电；SQ_{9-2} 闭合使 KT 线圈得电，KT 动断触头断开，切断控制电路电源；与此同时，KT 延时闭合动断触头断开，由于惯性 KS_{1-1} 闭合，使 KA_6、KM_2 得电，M_1 串入限流电阻 R_1 对电动机反接制动，当速度下降到 100r/min 时，速度继电器 KS_{1-1} 动合触头断开，KA_6、KM_2 线圈失电，触头复位，主轴电动机 M_1 停车。

如果齿轮啮合不好，则应将变速手柄拉出，再次推入，使位置开关 SQ_{9-1} 触头作瞬时闭合，主轴电动机 M_1 作瞬时旋转，直到齿轮啮合良好。

进给量变换的工作过程与主轴变速基本相同。不同之处是拉出的是进给变速手柄，受压动作的是进给量变换位置开关 SQ_{10}。

6. 快速移动电动机 M_3 的控制

可动机构的快速移动，通过电动机 M_3 来驱动。由正向快速移动按钮 SB_9（或 SB_{10}），反向快速移动按钮 SB_{11}（或 SB_{12}），正、反转接触器 KM_5、KM_6，限流电阻 R_2 及其控制接触器 KM_7，速度继电器 KS_2，中间继电器 KA_8、KA_9 等组成快速移动及快速移动制动控制电路。

按下 SB_9（或 SB_{10}），KM_5 线圈得电，其动合触头闭合，使 KM_7 线圈得电，KM_7 主触头闭合从而短接限流电阻 R_2；KM_5 动断触头断开，互锁；KM_5 主触头闭合，快速移动电

动机 M_3 正转，当速度高于 120r/min 时，速度继电器 KS_{2-1} 闭合，KA_8 线圈得电，KA_8 动合触头闭合，为接触器 KM_6 线圈得电和 M_3 反接制动做好准备；同时，KA_8 动断触头断开且互锁，KA_8 动合触头闭合且自锁。松开 SB_9（或 SB_{10}），KM_5 和 KM_7 线圈失电，触头复位，M_3 惯性运转使 KA_5 线圈得电，KA_5 动合触头闭合，KM_6 线圈得电，KM_6 主触头闭合使 M_3 串入电阻 R_2 反接制动，当速度下降到 100r/min 时，速度继电器 KS_{2-1} 动合触头断开，KA_8、KM_6 线圈失电，触头复位，主轴电动机 M_3 断电停车。

反向快速移动的工作过程与正向快速移动的工作过程相似，参与控制的电器是按钮 SB_{11}（或 SB_{12}），接触器 KM_5、KM_6、KM_7，速度继电器 KS_{2-2} 的反转动合触头，中间继电器 KA_5 和 KA_9。

为了避免快速移动和进给运动同时发生，电路上通过接触器 KM_8 的动断触头和 KM_7 的动断触头来实现互锁。

7. 工作台回转电动机 M_4 的控制

工作台回转电动机 M_4 由回转正、反转点动控制按钮 SB_{21}、SB_{22} 和正、反转接触器 KM_9、KM_{10} 进行控制。当按下按钮 SB_{21} 或 SB_{22} 时，接触器 KM_9 线圈或 KM_{10} 线圈得电吸合，电动机 M_4 带动工作台正向或反向回转。

【重要提醒】

位置开关 SQ_1 和 SQ_2 组成工作台横向进给或主轴箱进给与主轴或平旋盘进给的互锁电路。当两种进给的操纵手柄同时合上时，SQ_1 和 SQ_2 都被压下，动断触头断开，切断进给和快速控制电路电源，保证两种进给不会同时发生，可避免损坏机床和刀具。

变速时，时间继电器 KT 得电，KT 的瞬动动断触头切断进给控制电路电源，保证主轴变速和进给量变换时，不会发生进给运动。

5.5.2　齿轮机床电气图识读

齿轮机床电气原理图如图 5-12 所示。

该机床主电路中有两台电动机。其中，M_1 是主轴电动机，由接触器 KM_1、KM_2 控制其正、反转，通过机械传动装置供给刀具旋转、刀架进给及工件转动的动力；M_2 为冷却泵电动机，由接触器 KM_3 控制其单向运行，为切削工件时输送冷却液。

FU_1 作 M_1 和 M_2 短路保护，热继电器 FR_1、FR_2 分别作 M_1、M_2 的长期过载保护。

根据主电动机 M_1 主电路控制接触器主触头 KM_1，在图区 8 中可找到 KM_1 线圈电路，该电路为点动控制电路，SB_2 为点动按钮。根据电动机 M_1 主电路控制接触器主触头 KM_2，在图区 9 中找到 KM_2 线圈电路，为点动与连续运行控制电路，SB_3 为点动按钮，按下 SB_3，其动合触头 SB_3（9-15）闭合，使 KM_2 得电吸合，但 SB_3 的动断触头 SB_3（19-17）断开，切断 KM_2 自锁支路；松开 SB_3，KM_1 失电释放。SB_4 为起动按钮。

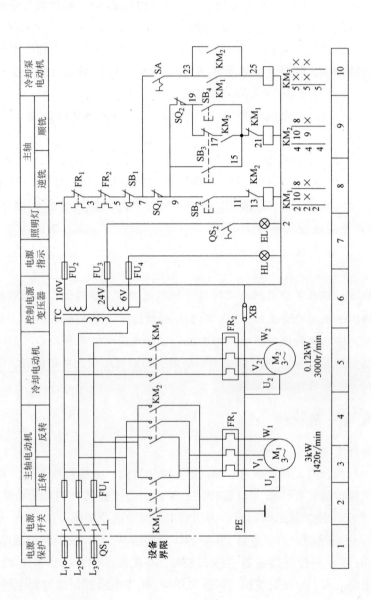

图5-12　Y3150型齿轮机床电气原理图

在 KM_1 和 KM_2 线圈电路中有行程开关 SQ_1。SQ_1 为滚刀架工作行程的极限开关；当刀架超出工作行程时，撞铁撞到 SQ_1，其动断触头 SQ_1（7-9）[8] 断开，切断 KM_1、KM_2 控制电路电源，使机床停车。这时若再开车，则必须先用机械手柄把滚刀架摇到使挡铁离开行程开关 SQ_1，让 SQ_1（7-9）复位闭合，然后机床才能工作。

在 KM_2 线圈电路中还有行程开关 SQ_2。SQ_2 为终点极限开关，当工件加工完毕时，装在机床刀架滑块上的挡铁撞到 SQ_2，其 SQ_2（9-19）[9] 断开，使 KM_2 失电释放，电动机 M_1 自动停车。

根据电动机 M_2 主电路控制接触器主触头 KM_3，在图区 10 中找到 KM_3 的线圈电路，该电路由接触器 KM_1、KM_2 及转换开关 SA 控制。

（1）主轴电动机 M_1 的控制

按下起动按钮 SB_4，KM_2 得电吸合并自锁，其主触头闭合，电动机 M_1 起动运转，按下停止按钮 SB_1，KM_2 失电释放，M_1 停转。

按下点动按钮 SB_2，KM_{11} 得电吸合，电动机 M_1 反转，使刀架快速向下移动；松开 SB_2，KM_1 失电释放，M_1 停转。

按下点动按钮 SB_3，其动合触头 SB_3（9-15）[8] 闭合，使 KM_2 得电吸合，其主触头闭合，电动机 M_1 正转，使刀架快速向上移动，SB_3 的动断触头 SB_3（19-17）[9] 断开，切断 KM_2 的自锁回路；松开 SB_3，KM_2 失电释放，电动机 M_1 失电停转。

（2）冷却泵电动机 M_2 的控制

冷却泵电动机 M_2 只有主轴电动机 M_1 起动后，闭合转换开关 SA，使 KM_3 得电吸合，其主触头闭合，电动机 M_2 再起动，供给冷却液。

第6章

小区安防系统电气图识读

6.1 小区安防系统概略图识读

6.1.1 小区安防系统组成概略图

住宅小区安防系统主要由闭路电视监控系统、门禁管理系统、入侵报警系统、对讲系统、巡更系统等组成（见图6-1）；各个组成部分的作用见表6-1。

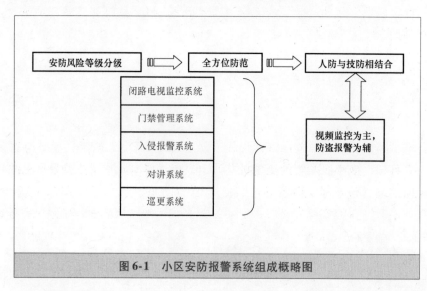

图6-1 小区安防报警系统组成概略图

表6-1 小区安防系统各组成部分的作用

序 号	组 成 部 分	作 用
1	闭路电视监控系统	采用电视摄像等手段监测被保护对象
2	门禁管理系统	用卡片、按键、电子门锁等装置控制出入口门的开关,防止外来人员不请自入
3	入侵报警系统	采用运动物体监测器,监测接近被保护对象的运动物体
4	对讲系统	利用可视电话来辨别访客身份(部分小区使用仅仅是普通语音电话)
5	巡更系统	在保安人员巡逻路线上设置发信器,以确认保安人员的巡视记录、时间等

【重要提醒】

对于一个住宅区而言,居民的安全是最为重要的。由于进出人员多、进出车辆多,为保证居民的人身及财产安全,应配备相应的安全防范系统。住宅小区安防系统的重点是"防",如何去"防",应做到人防、技防、物防相结合,使其成为一个先进的、智能的和可靠的安防系统。

6.1.2 闭路电视监视系统概略图

1. 闭路电视监视系统的设置要求

闭路电视监视系统是通过在小区内的出入口、大厅、重要通道、电梯、电梯厅、车库等处设置摄像机,对小区内部的主要区域和重要部位进行监视控制,可以直观地掌握现场情况和记录事件事实,及时发现并避免可能发生的突发性事件,为小区居民的安全与管理提供视频依据。

该系统的控制主机应具有强大的控制、操作功能,不但能矩阵切换图像,而且能发出多种报警信息实现报警联动功能。系统配置长时间录像机,将所有信号分时予以录像,用以事后事故查询。

2. 小区闭路电视监控系统概略图

某小区闭路电视监控系统概略图如图6-2所示。

图中,V5表示SYV-75-5视频线;R2表示RVV3×1.0电源线;P2表示RVVP2×1.0控制线。

该闭路电视监控系统具有对图像信号的分配、切换、存储、处理、还原等功能。

由图6-2可知,该小区配置的摄像机共计162台,具体分布位置及数量见图中的位置标注。小区监控室(位于保安值班室)安装有10台17in(英寸)显示器,可管理所有10路监控信号。同时,监控室还安装有2台14in(英寸)的显示器作为值班保安随时查看的监视器。

该系统配置了10台16路硬盘录像主机,用于存储音视频信号。

为摄像机供电的变送器有两类,交流24V和直流12V。

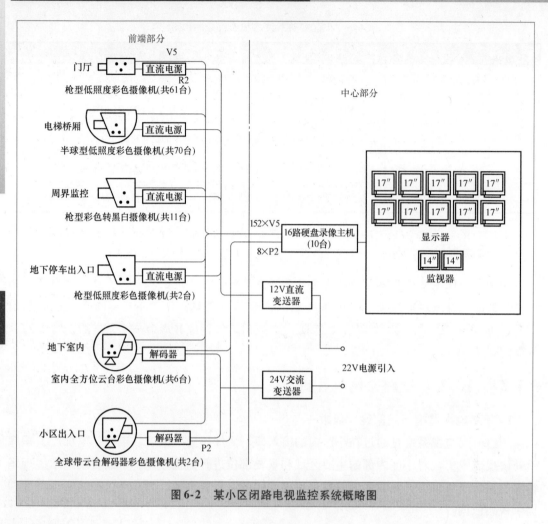

前端部分

V5

门厅 □□□ 直流电源

R2

枪型低照度彩色摄像机(共61台)

电梯桥厢 直流电源

半球型低照度彩色摄像机(共70台)

周界监控 直流电源

枪型彩色转黑白摄像机(共11台)

地下停车出入口 直流电源

枪型低照度彩色摄像机(共2台)

地下室内 解码器

室内全方位云台彩色摄像机(共6台)

小区出入口 解码器

P2

全球带云台解码器彩色摄像机(共2台)

中心部分

152×V5 16路硬盘录像主机(10台)

8×P2

12V直流变送器

24V交流变送器

22V电源引入

17″ 17″ 17″ 17″ 17″
17″ 17″ 17″ 17″ 17″

显示器

14″ 14″

监视器

图6-2　某小区闭路电视监控系统概略图

【重要提醒】

电视摄像机有黑白和彩色之分，目前国内大多数电视监控系统仍采用黑白电视摄像机。

黑白电视摄像机的灵敏度、清晰度较高，价格便宜，安装调试方便。彩色电视摄像机除传送宽度信号外，还能传送彩色信息，能全面地反映现场景物的图像和色彩，但灵敏度、清晰度相对比较低，而且技术条件要求高，价格较贵。对于一般住宅小区的安全保卫来说，有时并不需要去追求五彩缤纷的图像而主要是要求有较高的灵敏度和清晰度。

3. 闭路电视监控系统的组成

典型的闭路电视监控系统主要由前端（摄像机，有的还有内置传声器）、传输、终端（显示与记录）与控制四个主要部分组成，如图6-3所示。在每一部分中，又含有更加具体的设备或部件。

前端和终端设备有多种构成方式，它们之间的联系（也可称作传输系统）可通过电缆、光纤或微波等多种方式来实现。

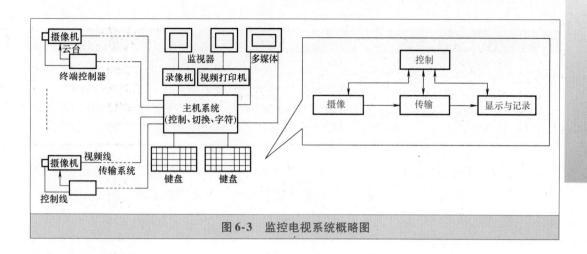

图6-3 监控电视系统概略图

【重要提醒】

1）前端设备，主要包括摄像机、镜头、外罩和云台等。

2）传输分配部分，主要包括馈线、视频分配器、视频电缆补偿器和视频放大器等。

3）终端设备部分，主要包括控制器、云台控制器、图像处理与显示部分（含视频切换器、监视器和录像机等）。

4. 监控电视系统的基本组成方式

为适合于不同场合、不同要求和不同规模的需要，监控电视系统的基本组成方式有五种，其应用场合见表6-2。

表6-2 监控电视系统的基本组成方式

序 号	组 成 方 式		概 略 图	应 用 场 合
1	单头单尾方式	固定云台	摄像机　　　　监视器	用于一处连续监控一个固定目标
2		电动云台	控制器	用于一个目标或一个区域
3	单头多尾方式		分配器	适合于在多处监视同一个目标或区域
4	多头单尾方式		控制器	适合于在一处集中监视多个分散目标或区域

（续）

序　号	组成方式	概　略　图	应用场合
5	多头多尾方式	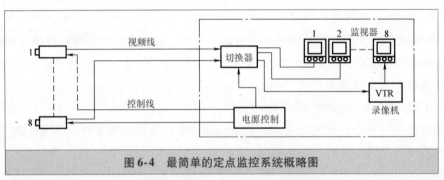	适合于在多处监视多个目标或区域

5. 监控电视系统的控制方式

监控电视系统的控制方式，可以分为简单监控系统、直接控制系统、间接遥控系统、微机控制系统、以矩阵切换器为核心的控制系统几大类。

（1）简单的定点监控系统

如图6-4所示，只有数台摄像机，也不需要遥控，以手动操作视频切换器或自动顺序切换器来选择所需要的图像画面。

图6-4　最简单的定点监控系统概略图

这种简单的定点监控系统适用于多种应用场合。当摄像机的数量较多时，可通过多路切换器、画面分割器或系统主机进行监视。

（2）简单的全方位监控系统

在最简单定点系统的基础上加上简易摄像机遥控器，如图6-5所示。它的控制线数将随其控制功能的增加而增加。

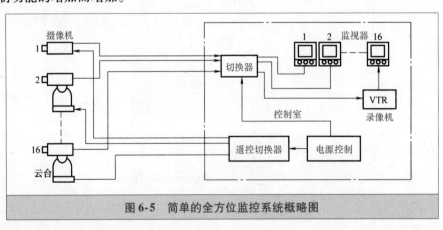

图6-5　简单的全方位监控系统概略图

在实际应用中，并不一定使每一个监视点都按全方位来配置，通常仅是在整个监控系统中的某几个特殊的监视点才配备全方位设备。例如，在小区的定点监控系统中，可考虑将监视停车场情况的定点摄像机改为全方位摄像机（更换电动变焦镜头并增加全方位云台），再在控制室内增加一台控制器，这样就可以把对停车场的监视范围扩大了，既可以对整个停车场进行扫视，也可以对某个局部进行监视。特别是当推进镜头时，还可以看清车牌号码。

（3）配备主机的监控系统

多大的系统才需配用系统主机并没有严格的限制。一般来说，当监控系统中的全方位摄像机数量达到3~4台以上时，就可考虑使用小型系统主机。虽然用多台单路控制器或一台多路（如4路或6路）控制器也可以实现全方位摄像机的控制，但这样所需的控制线缆数量较多（每一路至少要一根10芯电缆），而且线缆的长度将过长（长线电阻造成的电压降可能会导致云台及电动镜头动作迟缓甚至不动作），整个系统也会显得零乱。

一般来说，使用系统主机会增加整个监控系统的造价，但从布线考虑，各解码器与系统主机之间是采用总线方式连接的，因此系统中线缆的数量不多（只需要一根两芯通信电缆）。另外，集成式的系统主机大都有报警探测器接口，可以方便地将防盗报警系统与监控电视系统整合于一体。当有探测器报警时，该主机还可自动地将主监视器画面切换到发生警情的现场摄像机所拍摄的画面。

配备主机采用总线控制的矩阵切换方式，如图6-6所示。它采用串行码传输控制信号，利用传输单线组网，系统控制线只需两根。监控室微处理机控制系统将控制指令编码后变成串行数字信号送入传输总线，摄像端的解码电路通过解码识别，驱动电路执行相应指令。该控制形式适用于大中型监控电视系统。

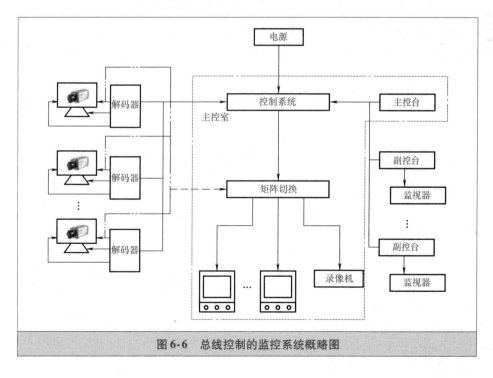

图6-6 总线控制的监控系统概略图

155

（4）以矩阵切换器为核心的控制监控系统

视频矩阵切换控制器响应由各类报警探测器发送来的报警信号，并联动实现对应报警部位摄像机图像的切换显示，如图 6-7 所示。

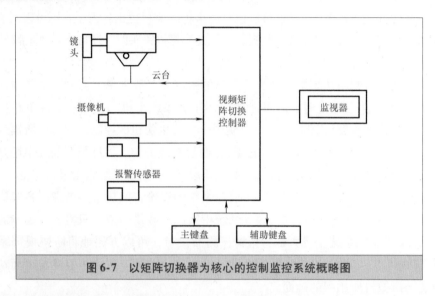

图 6-7　以矩阵切换器为核心的控制监控系统概略图

（5）多主机多级监控电视系统

常规的监控电视系统一般只有一台主机，即使是大中型系统，也不外乎是增加摄像机的数量和增加分控系统的数量。但是对某些特殊应用的场合，这种单台主机加若干台分控器的实现方法是不能满足用户需要的。以某大型小区的监控系统为例，用户要求在其每一个相对独立的楼宇都安装一套闭路监控电视系统，各楼宇内有独立的监控室，管理人员可以对本系统进行任意操作控制。而整个小区还要建立一个大型监控系统，将各楼宇的子系统组合在一起，并设立大型监控电视中心，在该中心可以任意调看某一楼宇中某一个摄像机的图像，并对该摄像机的云台及电动变焦镜头进行控制。这样，就提出了由各楼宇的多台主机共同组成大型监控电视系统的要求。

【重要提醒】

有的监控电视系统中还常常需要对现场声音进行监听（例如小区值班室监控系统），因此从系统结构上看，整个监控电视系统由图像和声音两个部分组成。由于增加了声音信号的采集及传输，从某种意义上说，系统的规模相当于比纯定点图像监控系统增加了一倍，而且在传输过中还应保证图像与声音信号的同步。对于简单的一对一结构（摄像机-录像机-监视器），只要增加监听头及音频传输线，即可将视音频信号一同显示、监听并记录。对于切换监控的系统来说，则需要配置视音频同步切换器，它可以从多路输入的视音频信号中切换并输出已选中的视频及对应的音频信号。

【知识窗】

监控电视系统图常用图形符号见表 6-3。

表 6-3　监控电视系统图常用图形符号

名　称	图形符号	说　明
放大器		放大器的一般符号
		桥接放大器（示出三路支线或分支线输出），其中标有黑点的一端输出电平较高
	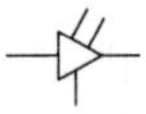	干线桥接放大器（示出三路支线输出）
混合器或分配器	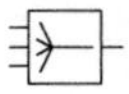	混合器
	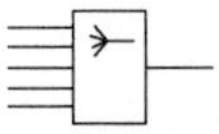	有源混合器（示出五路输入）
	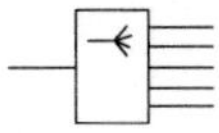	分路器（示出五路输出）
分支器	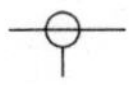	分支器一般符号
	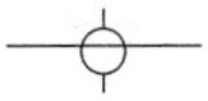	二分支器
	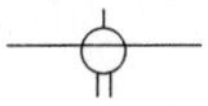	三分支器
	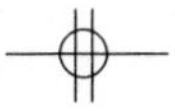	四分支器
均衡器		固定均衡器
		可变均衡器
衰减器	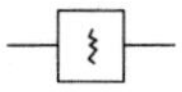	固定衰减器
	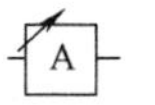	可变衰减器
调制器	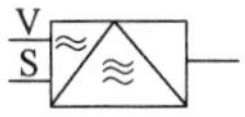	电视调制器
供电装置	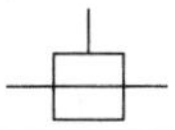	线路供电器（示出交流型）
		电源插入器
摄像机	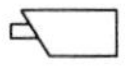	彩色电视摄像机
	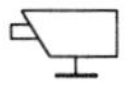	云台摄像机
录像机	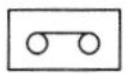	录像机

6. 信号传输系统概略图

根据电视监控系统的规模大小、覆盖面积、信号传输距离、信号容量以及对系统的功能及质量指标和造价的要求采用不同的传输系统。主要分为有线与无线传输系统，这里主要介绍有线传输系统。

1）当摄像机安装位置离控制中心较近（几百米以内），通常采用视频基带传输系统。基带传输系统概略图如图6-8所示。

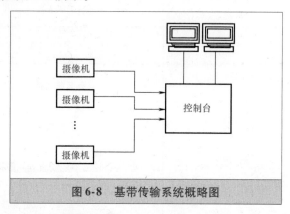

图6-8 基带传输系统概略图

2）当摄像机的位置距离控制中心较远时，一般可以采用射频有线传输和光缆传输系统。射频传输系统概略图如图6-9所示。

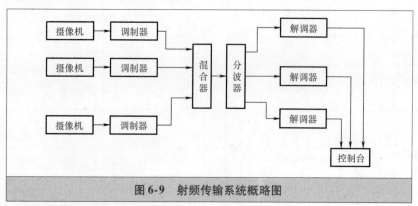

图6-9 射频传输系统概略图

光缆模拟射频多电路电视系统概略图如图6-10所示。

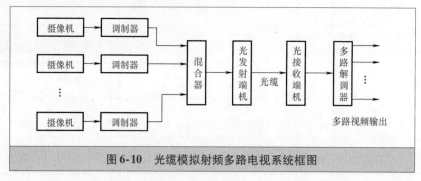

图6-10 光缆模拟射频多路电视系统框图

3）当距离更远且不需要传送标准动态图像时，也可采用窄带电视电话线路传输系统。视频平衡传输系统如图 6-11 所示。

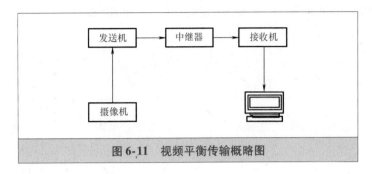

图 6-11　视频平衡传输概略图

7. 终端系统概略图

终端显示部分一般由几台或多台监视器（或带视频输入的普通电视机）组成，它的功能是将传送过来的图像——显示出来。

闭路电视监控系统的终端完成整个系统的控制与操作功能，可分为控制、显示与记录三部分，如图 6-12 所示点画线框部分，该终端系统由矩阵控制主机、画面分割器、监视器、录像机等设备组成。

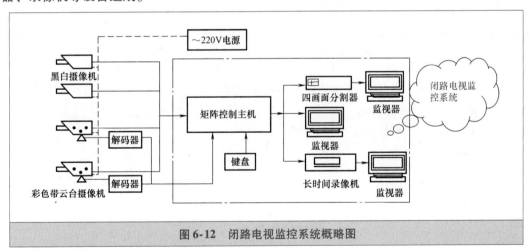

图 6-12　闭路电视监控系统概略图

1）矩阵控制主机是系统的核心部件，其主要功能见表 6-4。

表 6-4　矩阵控制主机的功能

序　号	功　能	功能说明
1	图像切换	将输入的现场信号切换至输出的监视器上，实现用较少的监视器对多处信号的监视
2	控制现场	可控制现场摄像机、云台、镜头、辅助触头输出等
3	RS-232 通信	可通过 RS-232 标准端口与计算机等通信
4	屏幕显示选择	在信号上叠加日期、时间、视频输入编号、用户定义的视频输入或目标的标题、报警标题等以便监视器显示

159

（续）

序 号	功 能	功 能 说 明
5	通用巡视及成组切换	系统可设置多个通用巡视，以及多个成组切换
6	事件定时器	系统有多个用户定义时间，用以调用通用巡视到输出端
7	口令和优先等级	系统可设置多个用户编号，每个用户编号有自己的密码，根据用户的优先等级来限制用户使用一定的系统功能

2）画面分割器有四分割、九分割、十六分割几种，可以在一台监视器上同时显示 4、9、16 个摄像机的图像，也可以送到录像机上记录。在有些摄像机台数很多的系统中，用画面分割器把几台摄像机送来的图像信号同时显示在一台监视器上，这样可以大大节省监视器，并且操作人员观看起来也比较方便。但是，这种方案不宜在监视器同时显示太多的分割画面，否则会使某些细节难以看清，影响监控的效果。

3）监控系统中最常用的记录设备是磁带录像机和硬盘录像机（DVR）。硬盘录像机可长时间工作，可以录制上百小时的图像（视硬盘容量大小而定）。

4）监视器是将现场信号重新显示的设备，作为监控系统的输出部分，是整个系统的重要组成部分。监视器的基本参数有：画面尺寸、黑白/彩色、分辨率等。

6.1.3 门禁系统概略图

1. 普通门禁系统

小区门禁分两个部分：小区进出门禁和各单元楼门禁。两种门禁的组成基本相同，主要由门禁控制器、门禁读卡器、电控锁、门禁管理主机、电源和其他相关门禁设备等组成，如图 6-13 所示，各组成部分的作用见表 6-5。

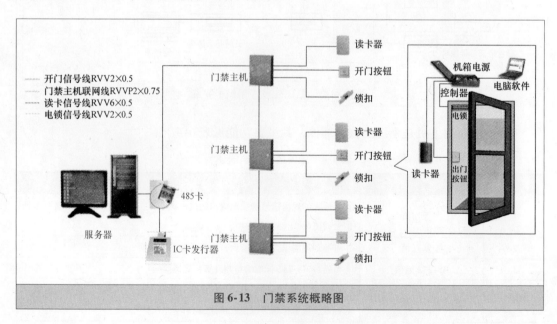

图 6-13 门禁系统概略图

表 6-5　门禁系统各组成部分的作用

序　号	组成部分	作　用
1	门禁控制器	是门禁系统的核心部分，它负责整个系统的输入、输出信息的处理和储存、控制等
2	门禁读卡器	读取卡片中的数据信息，并将这些信息传送到门禁控制器
3	卡片	它是系统开门电子钥匙，它可以是磁卡、IC 卡和其他相关功能的卡片
4	电控锁	它是系统的执行部件，通常在断电时呈开门状态，以符合消防要求
5	门禁管理主机	它负责门禁系统的监控、管理、查询等工作
6	电源	它是负责整个门禁系统的能源，是一个非常重要的组成部分
7	其他门禁设备	符合用户所需求的设备（如开门按钮）

2. 智能卡系统

为了对进入者的身份加以辨别，人们在智能卡系统的发展过程中，使用过诸如 IC 卡、磁卡、指纹机、眼纹识别等多种方式。近年来，智能卡系统的出现为人们找到一种理想的小区综合管理方法。一张智能卡，可以实现消费、人事管理、缴费、门禁管理等功能。

智能卡系统概略图如图 6-14 所示，智能卡系统的主要设备如图 6-15 所示。

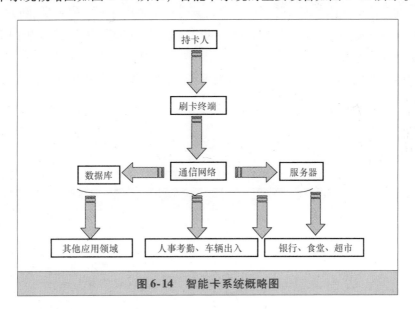

图 6-14　智能卡系统概略图

【知识窗】

门禁系统的分类

1）按进出识别方式，可分为密码识别、卡片识别、人像识别；

2）按卡片种类，可分为磁卡、射频卡；

3）按功能方式，可分为接触卡、非接触卡；

4）按工作方式可分为 IC 卡、ID 卡；

5）按与微机通信方式可分为单片控制型、网络型。

161

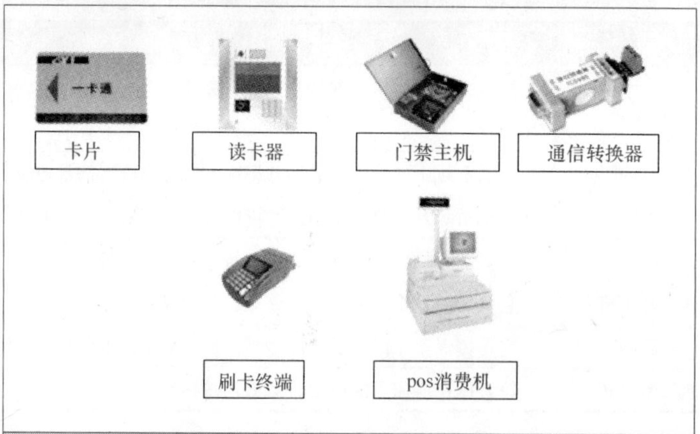

图 6-15　智能卡系统的主要设备

6.1.4　巡更系统概略图

1. 巡更系统的作用

巡更系统是技术防范与人工防范的结合，其作用是要求保安值班人员能够按照预先随机设定的路线顺序地对各巡更点进行巡视，同时也起到保护巡更人员安全的作用。

2. 巡更系统的种类

常用的巡更系统主要有接触式电子巡更系统、感应式电子巡更系统、在线式巡更系统、GPS 巡检系统等种类。

3. 巡更系统的组成

巡更系统主要由巡更点、巡更棒、通信座、巡更软件等组成，见表6-6。

表 6-6　巡更系统的组成

序　号	组成部分	说　明
1	巡更点	安放在巡逻路线的关键点上，体积如硬币大小，内部有全球唯一的电子编号，安装后不需供电和布线，就好比在墙上安装一个纽扣一样
2	巡更棒	巡更人员随身携带巡更棒，体积如手腕般大小，内部有时钟和电池，可读取巡逻路线上的巡更点编号做为巡更记录保存在巡更棒中
3	通信座	通信座将巡更棒与电脑连接，可将巡更棒中的巡更记录上传到巡更软件中
4	巡更软件	可以读取巡更记录，设定巡更时间计划、巡更地点、巡更人员，统计输出《人员考核报表》《线路考核报表》等

巡更系统概略图如图 6-16 所示，巡检人员手持巡检器，沿着规定的路线巡查。同时，在规定的时间内到达巡检地点，用巡检器读取巡检点，巡检器会自动记录到达该地点的时间和巡检人员，然后通过数据通信线将巡检器连接计算机，把数据上传到管理软件的数据库中，管理软件对巡检数据进行自动分析并智能处理，由此实现对巡检工作的科学管理（如需要可由打印机打印，就形成一份完整的巡逻巡检考察）。

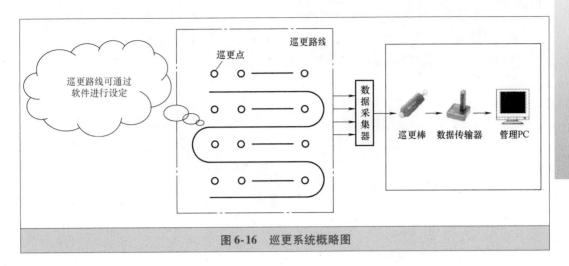

图 6-16 巡更系统概略图

如图 6-17 所示为某小区巡更系统示意图，图中，" * "为巡更系统点位，共计 11 处点位。

163

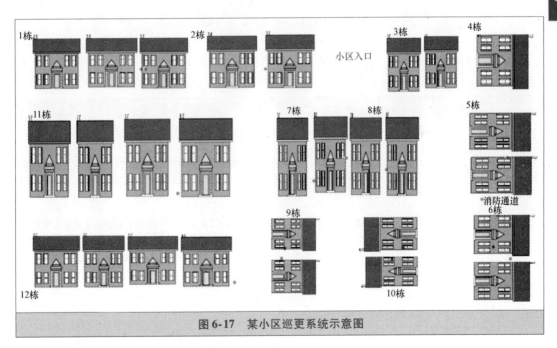

图 6-17 某小区巡更系统示意图

6.1.5 楼宇对讲系统概略图

1. 楼宇对讲系统的组成

楼宇对讲系统，也称为访客对讲系统，是指来访客人与住户之间提供双向通话或可视通话，且由住户遥控防盗门的开关或向保安管理中心进行紧急报警的一种安全防范系统。

楼宇对讲系统中，来访者要通过可视或非可视的对讲系统，与住户进行通话，由住户确认后，遥控电控锁开启，来访者才能进入楼宇大门。

楼宇对讲系统可分为可视和非可视两种。可视对讲系统中住户能看到来访者的图像。

楼宇对讲系统主要由管理员机、门口主机、用户分机、楼层平台、联网器、UPS 电源、传输线及其他配套设备组成，如图 6-18 所示。

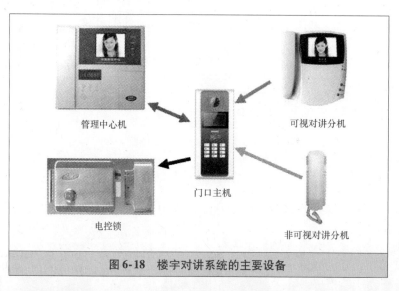

图 6-18　楼宇对讲系统的主要设备

楼宇对讲系统几个主要组成部分的作用介绍见表 6-7。

表 6-7　楼宇对讲系统主要组成部分的作用

组 成 部 分	作　　用
主机	是楼宇对讲系统的控制核心部分，每一户分机的传输信号以及电锁控制信号等都通过主机的控制。一般带有夜间照明装置 　　对讲管理主机设置在住宅小区物业管理部门的安全保卫值班室内，门口主机设置安装在各住户大门内附近的墙壁上或台上，系统可按用户要求进行不同的配置，如在同一幢大楼中可视与非可视系统可同时共用等
分机	分机是一种对讲话机，一般都是与主机进行对讲。现在的户户通楼宇对讲系统则与主机配合成一套内部电话系统，可以完成系统内各用户的电话联系，使用更加方便，它分为可视分机，非可视分机。具有电锁控制功能和监视功能，一般安装在用户家里的门口处，主要方便住户与来访者对讲交谈
UPS 电源	其功能主要是保持楼宇对讲系统不掉电。正常情况下，处于充电的状态。当停电的时候，UPS 电源就处于给系统供电的状态
电控锁	其内部结构主要由电磁机构组成。用户只要按下分机上的电锁键就能使电磁线圈通电，从而使电磁机构带动连杆动作，就能控制大门的打开
闭门器	闭门器是一种特殊的自动闭门连杆机构。当访客或用户进入楼宇后，防盗门在闭门器的作用下自动关闭 　　根据实际防盗门的情况，闭门器有多种形式

【重要提醒】

楼宇对讲系统设备的搭配一般比较灵活，可以根据不同的用户要求，选用不同型号的设备组成不同的系统。

　　在大型小区楼宇对讲系统中，一般都有管理人员值班，除了室内机外，还要设置管理员机和公共机，管理员可以通过管理员机了解人员的来访情况和出入情况，也可以呼叫住户，住户也可以呼叫管理员，如图 6-19 所示。

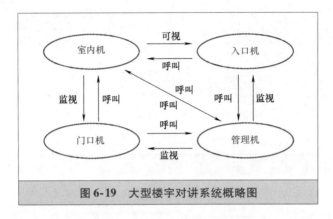

图 6-19　大型楼宇对讲系统概略图

2. 楼宇对讲系统的类型

（1）按线制结构分类

　　按线制结构，可分为多线制和总线制的楼宇对讲系统。典型楼宇对讲系统的线制结构如图 6-20 所示。

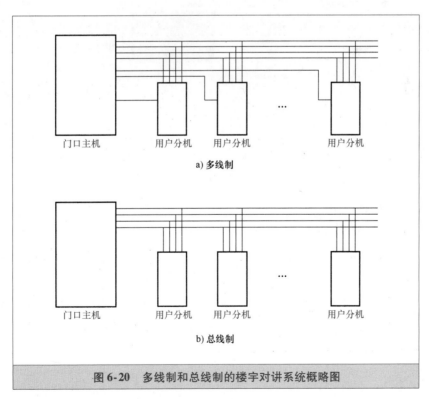

图 6-20　多线制和总线制的楼宇对讲系统概略图

多线制和总线制的楼宇对讲系统的性能比较见表 6-8。

表6-8　多线制和总线制的楼宇对讲系统的性能比较

序　号	系统性能	总线制	多线制	序　号	系统性能	总线制	多线制
1	系统造价	较高	较低	5	系统可扩展性	容易	困难
2	施工难易程度	容易	复杂	6	系统可维护性	容易	困难
3	系统容量	大	小	7	使用线缆	少	多
4	系统功能	强	弱				

（2）按系统规模分类

按系统规模，住宅小区楼宇对讲系统主要有单户型、单元型和小区联网型三种类型，见表6-9。这三种系统是从简单到复杂、从分散到整体逐步发展而成的。

表6-9　住宅小区楼宇对讲系统的类型

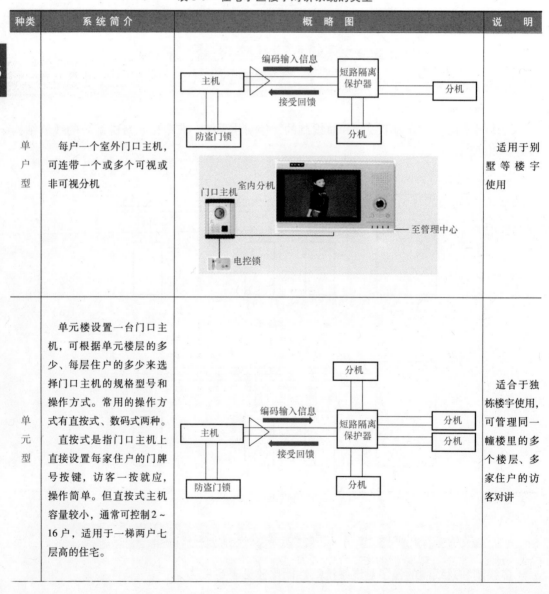

种类	系统简介	概略图	说明
单户型	每户一个室外门口主机，可连带一个或多个可视或非可视分机		适用于别墅等楼宇使用
单元型	单元楼设置一台门口主机，可根据单元楼层的多少、每层住户的多少来选择门口主机的规格型号和操作方式。常用的操作方式有直按式、数码式两种。　直按式是指门口主机上直接设置每家住户的门牌号按键，访客一按就应，操作简单。但直按式主机容量较小，通常可控制2～16户，适用于一梯两户七层高的住宅。		适合于独栋楼宇使用，可管理同一幢楼里的多个楼层、多家住户的访客对讲

（续）

种类	系统简介	概略图	说明
单元型	数码式是指门口主机上设置0~9数字按键，操作方式如同拨电话一样，访客需要根据住户门牌号依次按动相应的数字键，操作稍复杂一些。数码式主机的容量较大，可从2~9999户不等，适用于高层住宅	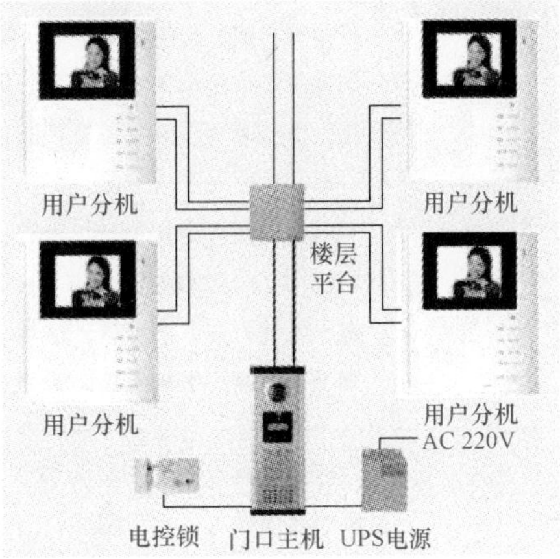 用户分机　楼层平台　用户分机　用户分机　用户分机　AC 220V　电控锁　门口主机　UPS电源	适合于独栋楼宇使用，可管理同一幢楼里的多个楼层、多家住户的访客对讲
小区联网型	每幢楼宇使用单元型楼宇对讲系统，然后所有的单元型楼宇对讲系统通过小区内专用总线与管理中心连接（联网），形成小区各单元楼宇之间的对讲网络。 功能扩展联网型系统可实现三表（水、电、煤）抄送、IC卡门禁系统与其他系统组成的小区物业管理系统	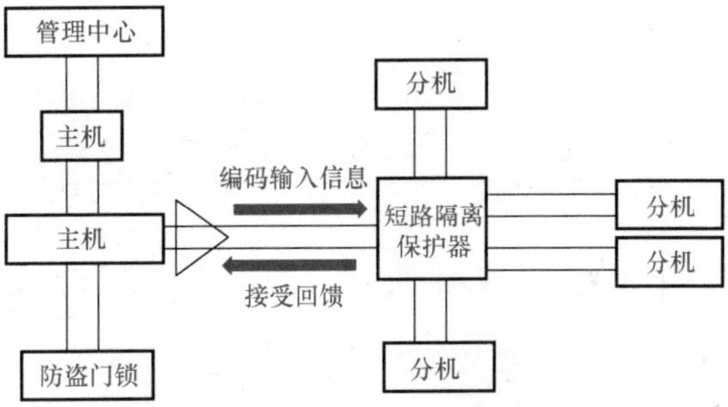 管理中心　主机　主机　防盗门锁　编码输入信息　接受回馈　分机　短路隔离保护器　分机　分机　分机　用户分机　UPS电源　楼层平台　用户分机　用户分机　联网器　至下一台联网器　UPS电源　管理机　电控锁　门口主机	适合于大型小区使用

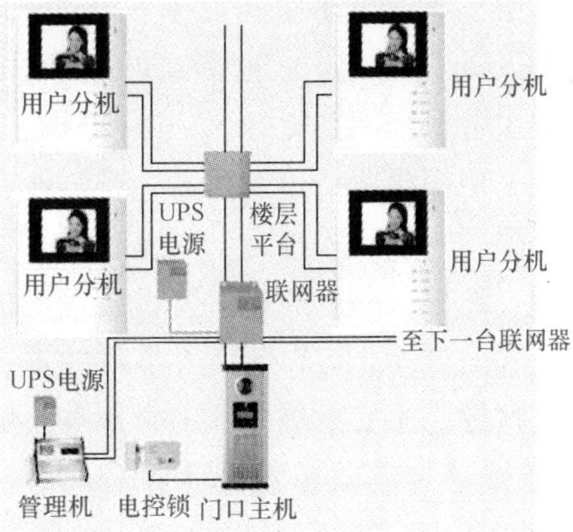

（3）按信号传输方式分类

按音、视频信号的传输方式，将楼宇对讲系统分为基带传输、射频传输、数字传输（TCP/IP）、复合传输四种类型，见表6-10。

表 6-10 楼宇对讲系统按信号传输方式分类

序　号	种　类	简 要 介 绍
1	基带传输	音、视频信号不作任何改变的直接传输方式。此种方式下，音、视频信号不需要转换，传输电路简单，制造成本低，目前绝大部分小区的楼宇对讲系统采用基带传输方式的产品。但其缺点是信号传输距离短，容易受到外界干扰，需要专用、独立的音视频信号传输线
2	射频传输	通过调频或调幅把音、视频信号转换成射频信号的传输方式。此种方式被广泛用于广播和电视的信号传输，其特点是，信号传输距离远、稳定性好、抗干扰能力强、图像语音清晰。但其缺点是，在发射和接收设备中，需要分别增加调制和解调电路，价格相对较高。适合于大型小区使用
3	数字传输（TCP/IP）	将音、视频信号转换为数字信号进行传输的方式。此种方式采用 TCP/IP 网络传输模式，实现图像、语音的超清晰，具备强大的抗干扰能力，传输距离更远。借助于 IT 和网络技术，更可以实现对讲语音、视频、数据的远程传输，访客留影，信息发布等增值功能，使小区对讲在真正意义上与 Internet 融为一体。但在发送和接收端，需要分别增加相应的数字编码和解码设备，成本较高，适用于大型、高档小区
4	复合传输	结合上述三种方式的优点，单元系统间使用基带传输方式，楼宇之间根据距离远近，选择基带传输、射频传输或数字传输方式

6.1.6 入侵报警系统概略图

1. 入侵报警系统的功能

用物理方法和电子技术，自动探测发生在布防监测区域内的侵入行为，产生报警信号，并辅助提示值班人员发生报警的区域部位，显示可能采取的对策的系统，称为入侵报警系统，又称为防盗报警系统。

入侵报警系统就是用探测器对建筑物内外重要地点和区域进行布防，它可以及时探测非法入侵，并且在探测到有非法入侵时，可及时向有关人员报警。一旦发生入侵行为，能及时记录入侵的时间、地点，同时通过报警设备发出报警信号。

入侵报警系统是预防抢劫、盗窃等意外事件的重要设施。一旦发生突发事件，就能通过声光报警信号在安保控制中心准确显示出事地点，便于迅速采取应急措施。例如，门磁开关、玻璃破碎报警器等可有效探测外来的入侵，红外探测器可感知人员在楼内的活动等。

【重要提醒】

第一代入侵报警器是开关式报警器，它防止破门而入的盗窃行为，这种报警器安装在门窗上。第二代入侵报警器是安装在室内的玻璃破碎报警器和振动式报警器。第三代入侵报警器是空间移动报警器（例如超声波、微波、被动红外报警器等），该类报警器的特点是，只要所警戒的空间有入侵移动就会引起报警。

2. 入侵报警系统的组成

入侵报警系统有简单系统和复杂系统之分，有多个入侵探测器加上一个报警主机构成最基本的系统。若干个基本系统通过计算机构成区域性报警网络，区域性报警网络有可互联成城市综合监控系统。

入侵系统基本组成主要有各类报警探测器、报警主机、报警输出执行设备（报警开关和按钮、报警装置）及传输线缆等组成，如图6-21 所示。

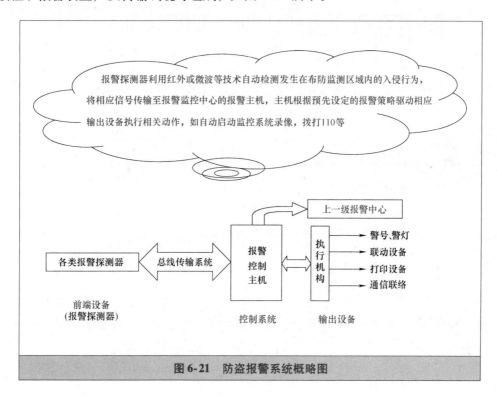

报警探测器利用红外或微波等技术自动检测发生在布防监测区域内的入侵行为，将相应信号传输至报警监控中心的报警主机，主机根据预先设定的报警策略驱动相应输出设备执行相关动作，如自动启动监控系统录像，拨打110等

图6-21　防盗报警系统概略图

【知识窗】

报警探测器

报警探测器俗称探头，一般安装在监测区域现场，主要用于探测入侵者移动或其他不正常信号的装置，其核心器件是传感器。采用不同原理制成的传感器件，可以构成不同种类、不同用途，达到不同探测目的的报警探测装置。

报警探测器通常由传感器和信号处理器组成。有的探测器只有传感器，没有信号处理器。在入侵探测器中，传感器用于将被测的物理量（如力、压力、重量、应力、位移、速度、加速度、振（震）动、冲击、温度、声响、光强等）转换成相应的、易于精确处理的电量（如电流、电压、电阻、电感、电容等）。

根据警戒范围的不同，**报警探测器有点控制型、线控制型、面控制型、空间控制型之分**，如图6-22 所示。

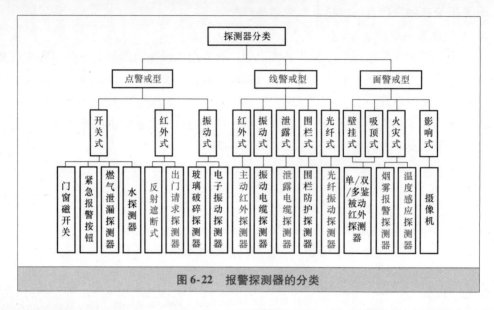

图 6-22　报警探测器的分类

防盗报警器的种类很多，根据探头传感原理的不同，可分为振动型、红外线型、超声波型和微波型等，例如玻璃破碎报警器、红外线报警器、超声波报警器、激波报警器等。它们的基本结构相同，区别在于探头的工作原理不同。

向公安机关报警中心报警，分为无线报警和有线报警。

【重要提醒】

摄像机也可以算一种报警探头，因为有的摄像机可以实现移动侦测报警并可联动录像。监控电视系统可以自成体系，也可以与防盗报警系统或出入口控制系统组合，构成综合保安监控系统。

6.2　小区安防系统工程图识读

6.2.1　小区电视监控系统工程图识读

1. 某大楼电视监控系统工程图

如图所示图 6-23 某大楼电视监控系统工程图。

该建筑地下 1 层，地上 8 层，地下 1 层为停车场，地上 8 层为住宅。地下层在两个楼梯出口设置两个监控摄像头，地上部分每层住宅的四个楼梯出口设置四个监控摄像头，摄像头可以通过在 1 层的控制中心进行控制。为能使系统图更清楚，其他栋楼未在图中反映，只是表示一栋建筑的部分。对小区入口设置了自动安检及停车收费管理装置，通过 IC 卡进行管理。入门有摄像监控，管理系统设在门卫值班室。

1）保安室设在 B 栋一层与消防中心共室，内设矩阵主机、十六画面分割器、视频录像、监视器及交流 24V 电源设备等。视频自动切换器接受多个摄像点信号输入，定时自动

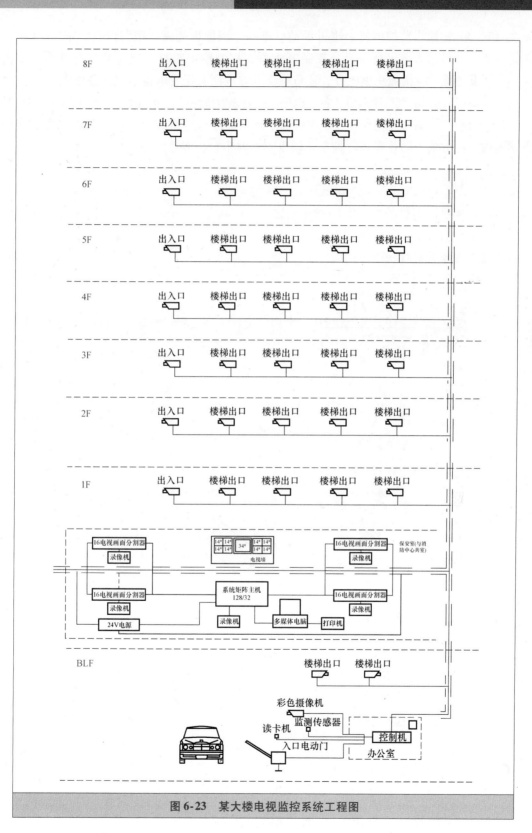

图 6-23　某大楼电视监控系统工程图

轮换（1~30s）输出监控信号，也可手动任选一个摄像机的画面跟踪监视、录像、打印。系统矩阵主机带输入输出板、云台控制及编程、控制输出时日、字符叠加等功能。交流24V电源设备除向各摄像机供电外，还负责保安室内所有保安电视系统设备供电。

2）在建筑的地下汽车库入口，各层电梯厅等处设置摄像机，要求图像质量不低于四级。

3）在地下车库设一套停车场管理系统。采用影像全鉴系统，对进出的内部车辆采用车辆影像对比方式，防止盗车；外部车辆采用临时出票机方式。

【重要提醒】

室内摄像机的安装高度以2.5~5m为宜，室外以3.5~10m为宜。室内摄像机安装方法如图6-24所示，室外摄像机安装方法如图6-25所示。安装固定摄像机时，应根据其重量选用膨胀螺栓或塑料胀管。

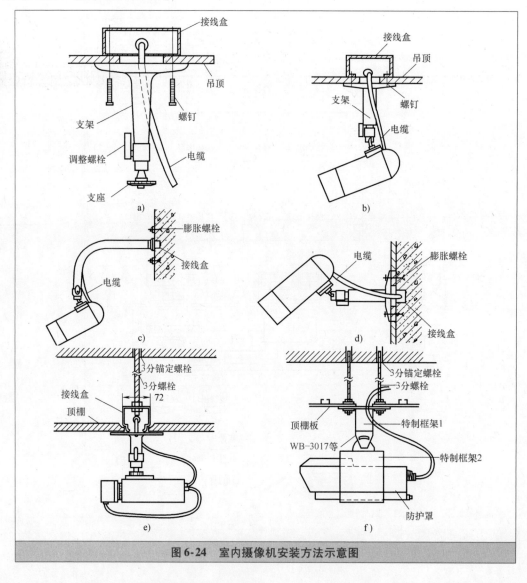

图6-24　室内摄像机安装方法示意图

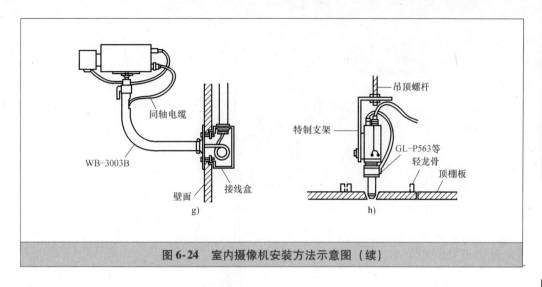

图 6-24 室内摄像机安装方法示意图（续）

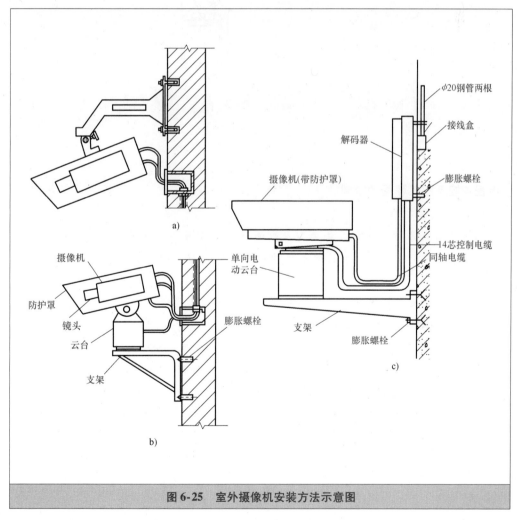

图 6-25 室外摄像机安装方法示意图

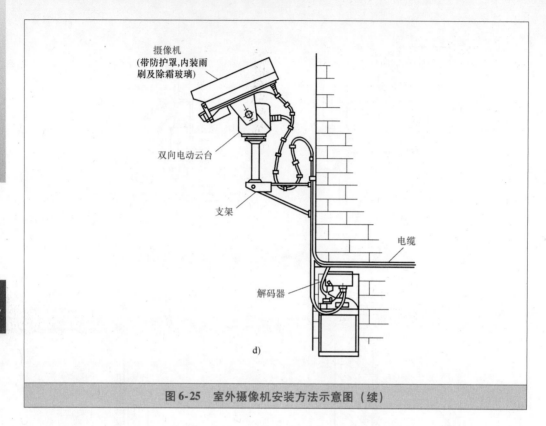

摄像机
(带防护罩,内装雨刷及除霜玻璃)

双向电动云台

支架

电缆

解码器

d)

图 6-25　室外摄像机安装方法示意图（续）

【知识窗】

电视监控系统工程图的绘制

（1）绘制系统原理图

系统原理图应包括：主要设备类型及配置数量；信号传输方式、系统和设备连接关系；供电方式；接口方式（含与其他系统的接口关系）；其他必要的说明。

（2）绘制安装、施工用图

安装施工平面图绘制要求：前端设备安装图可根据需要提供安装说明和安装大样图；系统及分系统接线图应说明系统各部件的连接关系；各类有关的防范区域，应根据平面图明显标出，以检查防范的方法以及区域是否符合设计要求。相同的平面，相同的防范要求，可只绘制一层或单元一层平面，局部不同时，应按轴线绘制局部平面图。

设备器材安装部位的标注要求：前端设备布防图应正确表明设备器材安装位置和安装方式、设备编号。设备布置的位置力求准确，墙面或吊顶上安装的器件要标出距地面的高度（即标高）。凡施工图中未注明或属于共性的情况，以及图中表达不清楚者，均需加以补充说明。配电箱、板的标注按供电类别在平面图配电箱、板位置附近的明显空隙处分别标注。

（3）绘制监控中心布局图

监控中心布局图的绘制要求：电视墙及操作台结构图的绘制要求；设备等电位连接图

的绘制要求。

（4）绘制管线、桥架敷设图

管线、桥架敷设图的绘制要求如下：

1）管线敷设图可根据需要提供管路敷设的局部大样图；

2）管线走向设计应对主干管路的路由等进行说明。

标注线缆的方法和要求：管线敷设图应标明管线的敷设安装方式、型号、路由、数量，末端出线盒的位置等。分线箱应根据需要标明线缆的走向、端子号。

2. 简单的监控电视工程图

如图 6-26 所示为某住宅楼监控电视系统，该系统适用于已设置普通电话或住宅对讲系统，需增加可视部分的住宅楼。来客通过普通电话或对讲机呼叫住户，住户与来客对话，同时打开电视机设定的频道观察来访者，这是最简单的监控电视系统。

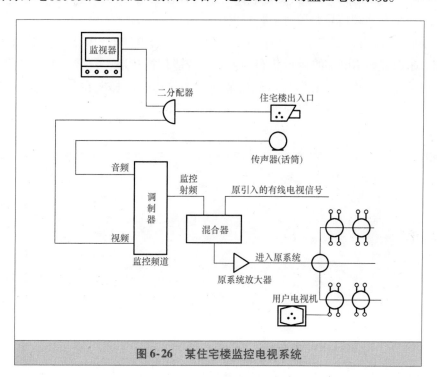

图 6-26　某住宅楼监控电视系统

住宅楼出入口处摄像机的信号通过二分配器，一路信号进入值班室监视器，另一路信号进入调制器，从调制器出来的信号与有线电视网的信号进入混合器后，再进入原来的电视信号系统。

调制器输出的监控射频频道必须选择与有线电视信号各频道均不同频的某一频道，而且输出电平与有线电视信号电平应基本一致，避免发生同频干扰或相互交调。

6.2.2　电梯视频监控系统工程图

1. 电梯视频监控系统的组成

电梯视频监控系统概略图如图 6-27 所示。该系统的硬件设备主要有彩色半球形摄像机、电梯信号采集器和视频监控主机。

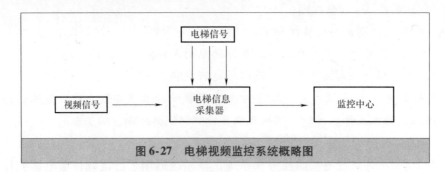

图 6-27　电梯视频监控系统概略图

1）彩色半球形摄像机，主要负责采集电梯轿厢内的模拟视频信号至电梯信息采集器。

2）电梯信号采集器，主要负责将电梯信息（如楼层信号、方向、满员以及故障等状态的信号）叠加在视频信号并传送至监控主机。

3）视频监控主机，配合系统软件，可实现 1、4、8、9、16、24 路电梯图像画面远程同屏监控、录像并显示电梯的运行状态，多画面智能切换轮巡。同屏远程监控多达 24 台电梯轿厢内情况，在监控中心即可看到轿厢内的图像以及电梯所在楼层、运行方向、满员、故障等状态信号，如图 6-28 所示为 9 路画面演示图。

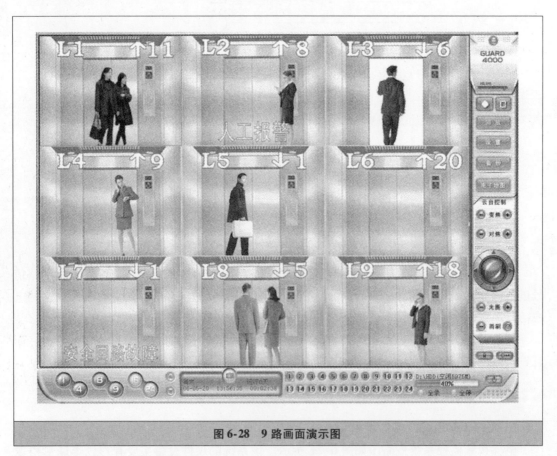

图 6-28　9 路画面演示图

【重要提醒】

在每台电梯的轿厢内安装彩色半球形摄像机，通过视频线将视频信号传送到电梯信号采集器，然后采集器再将信号传送到监控中心并播放。

2. 系统布线图

电梯视频监控系统布线图如图 6-29 所示。

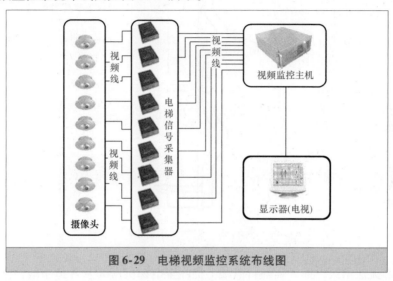

图 6-29　电梯视频监控系统布线图

电梯监控中的布线，最好从井道中部出线，如图 6-30 所示。视频线在井道中布设需

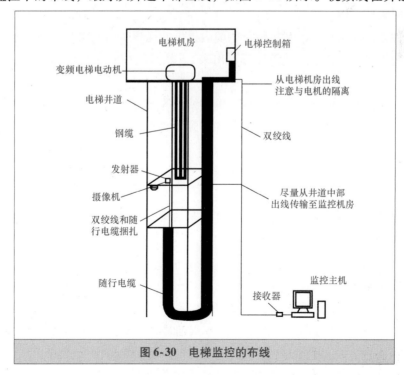

图 6-30　电梯监控的布线

要和随行电缆捆扎在一起，首先将随行电缆用宽扎带捆扎一遍，再从扎带中串小扎带固定扎网线。20～30cm 捆扎一次，每段预留 3cm 的余地（以可以容纳一根手指为准）。视频线在轿厢顶部需要预留、固定好，如图 6-31 所示。

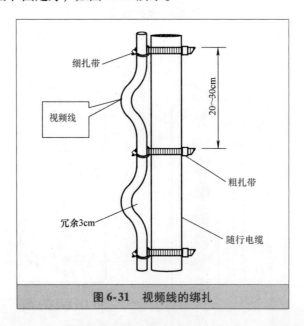

图 6-31　视频线的绑扎

如果中部无法出线，那么在随行电缆上捆扎至电梯机房（从井道中段往上的捆扎可以不用预留 3cm），从电梯机房出线时注意不要走强电线槽，和电梯电动机保持一定的距离，做好隔离再引到监控中心即可。

还有一种方法，就是直接利用随行电缆内提供的视频线出电梯井道后（也可以在井道中部时将线缆沿井道壁走线至井道底部再出来），然后使用有源传输器通过双绞线传输到监控中心。

注意，由于电梯轿厢、变频电动机、钢缆绞盘等设备都进行过相应的接地，传输器或视频线缆不要与其接地系统共用。摄像机和有源传输器的供电可以直接连接在轿厢顶部的专用电源接口处。

【重要提醒】

上述几种方法都是需要根据现场施工环境来选择，最好的是第一种方式了。

6.2.3　对讲系统工程图识读

1. 高层多用户对讲系统工程图识读

高层多用户对讲系统工程图如图 6-32 所示。

该系统干线有 8 根，其中 2 根电源线、6 根信号线。在中继器（楼层分配器）处接各用户室内机为 4 根导线。中继器内部有解码器进行信号分配。

在该住宅楼对讲系统中，由于设计有管理人员值班，因此除了室内机外，还设置有管

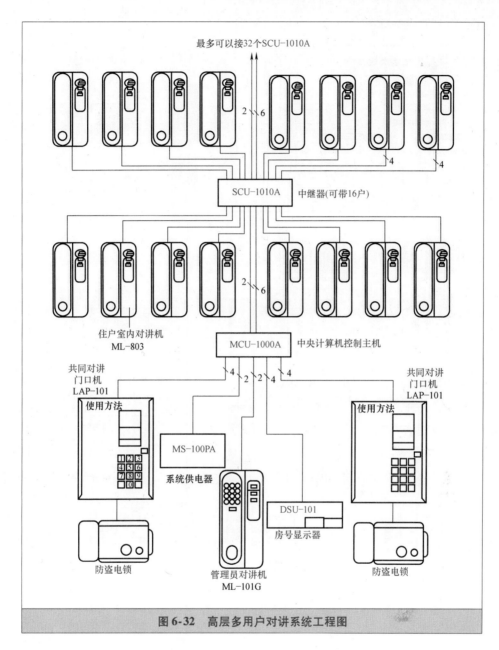

图 6-32　高层多用户对讲系统工程图

理员对讲机，管理员可以通过管理员机了解人员的来访情况和出入情况，也可以呼叫住户，住户也可以呼叫管理员。

共同对讲门口机设在大厅内，供门卫人员或大厅内人员使用，可以与住户和管理中心通话。

由于用户较多，该系统还安装了中继器。

2. 某小区联网型可视对讲工程图识读

某小区联网型可视对讲系统图如图 6-33 所示。该系统可实现小区来访客人的控制和管理人员与住户之间的双向通话。

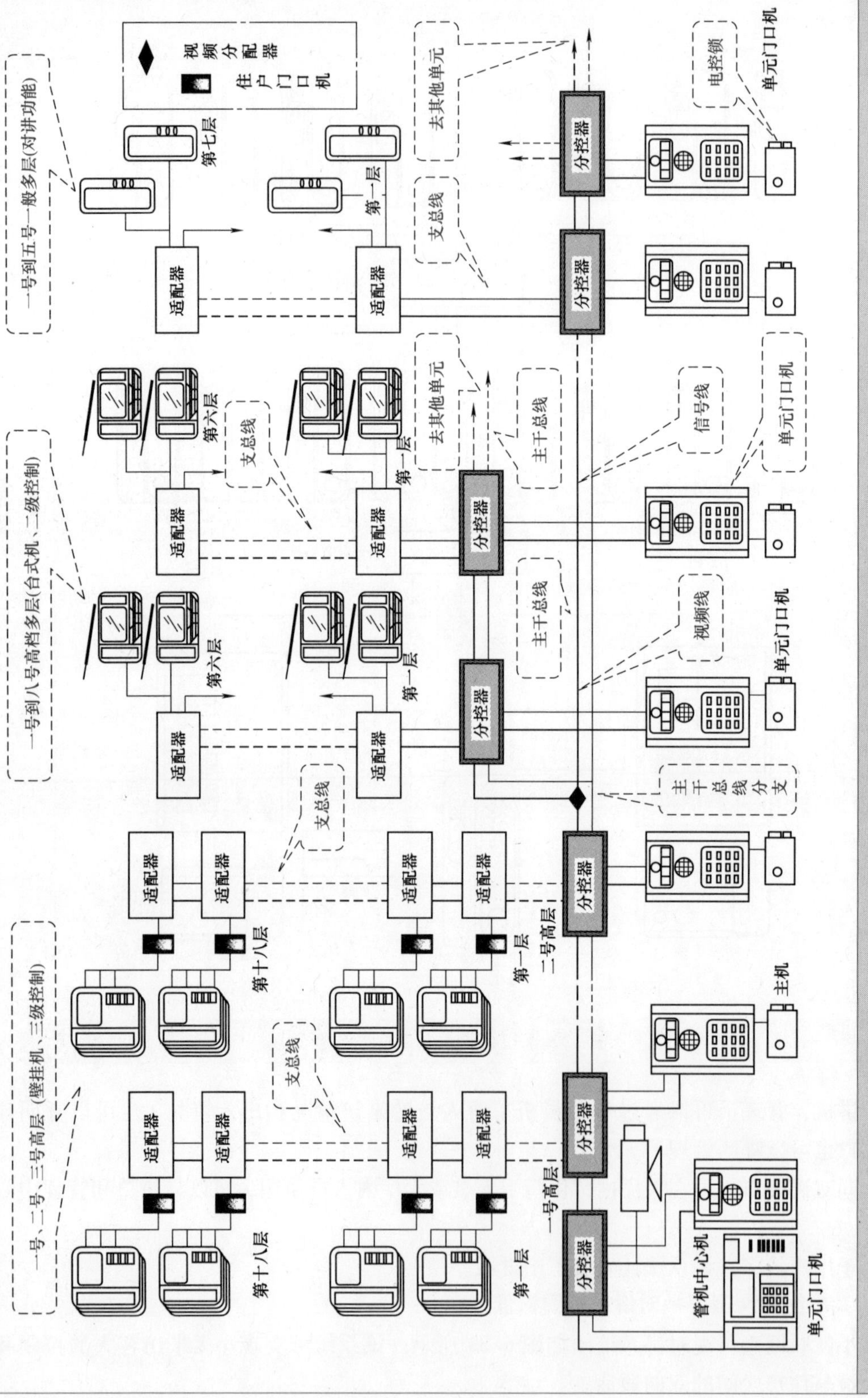

图 6-33　小区联网型可视对讲系统工程图

（1）住宅分布及对讲功能需求

本小区属于中型住宅小区，总共 850 户住宅。

1）18 层高层住宅 3 栋，每层 7 户，共 378 户，要求安装壁挂可视对讲分机。

2）高档 6 层住宅 8 栋，每栋 2 个单元，每单元 12 户，共 192 户，要求安装台式可视对讲分机。

3）普通 7 层住宅 5 栋，每栋 4 个单元，每单元 14 户，共 280 户，要求先实现对讲功能，如将来需要可视对讲功能，由住户购买可视分机进行升级。

（2）系统控制

本小区联网型可视对讲系统可采用三级控制。

1）第一级控制：小区大门安装门口机，来访客人呼叫住户，住户允许进入时，保安人员放行。

2）第二级控制：每个单元门口安装门口机，控制单元的进入。

3）第三级控制：每个住户门口外安装门口机，控制住户家门的出入。

对于大型小区不建议安装小区大门门口机（第一级），因为出入人员很多，门口机只有一台，造成来访客人的长时间等待，必要时，建议将小区分成若干个子区域，各区域自成系统，每个区域在小区大门口各安装一台门口机，既解决了瓶颈问题，也不会使工程造价提高很多。如果安装第三级的住户门口机，每户工程造价将会增加，因此安装与否由开发商根据预算而定。总之，每个小区选择哪种控制方案，必须考虑合理性、实用性、经济性等多方面的因素。

总线式控制系统，在小区联网时，必须根据小区楼房布局，合理安排总线的走向，使总线不要过长，必要时，总线不必由一条线从头走到尾，可以采取并联方式使总线分支，这种情况下，视频信号线必须由视频分配器来分支。如果公共区域的主干总线是走地沟，必须采取防潮和防鼠措施。

对于具有多个大门的小区和一个单元两个出入口的情况，本系统支持多门口机，由于是总线式控制，同一时刻只有一个门口机可以工作，其他门口机处于占线状态。

本模型中三栋高层采用三级控制、其他采用二级控制的综合设计。

（3）配电

系统配电的总要求为，保证系统稳定工作、设计合理、布线方便、停电后关闭可视功能，保留对讲和开锁功能。

本可视对讲系统的配电方案如图 6-34 所示。

1）系统配电

为了保证停电保护功能，所有系统组网设备，如门口机、分控器、适配器等必须采用 USP 不间断电源，保证停电后维持对讲和开锁功能。

主门口机、监控摄像头、管理机共用一个电源，如果三个设备不在一起，必须每台配备一个 USP 不间断电源。

对于高层楼宇，要求门口机和分控器共用一个不间断电源，楼内的适配器每 10 台用一个不间断电源。对于高档多层和一般多层建筑，要求每个单元的门口机、分控器、适配

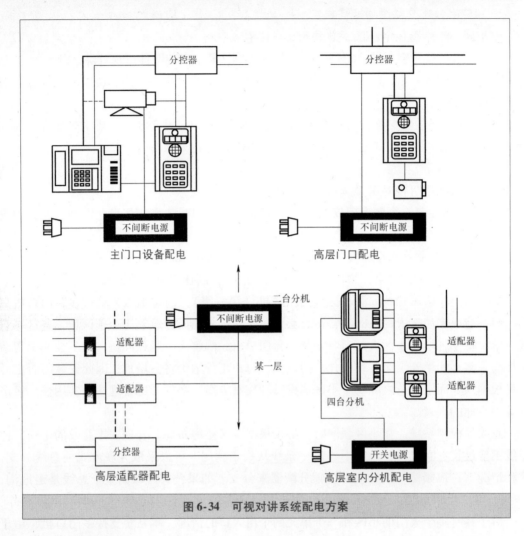

图 6-34　可视对讲系统配电方案

器共用一个不间断电源。

　　2）室内机配电

　　由于可视室内分机功耗较大，一般为每台 800mA 左右，因此必须独立供电。独立供电有以下两种方式。

　　① 每台室内分机在室内分别由线性电源供电，这种方式既不美观，而且施工较难，不建议采用。

　　② 集中供电，在系统中配置开关电源，一个电源给若干台室内分机供电，因为所有室内分机不可能在同一时刻全部都工作，因此一个开关电源最多可带 20 台可视分机，具体数量以施工方便为原则。对于高层楼宇，可每层配备一个开关电源；对于多层楼宇，可每个单元配备一个开关电源。

　　【重要提醒】

　　联网布线时，每单元门口应设置窨井，从单元门到窨井必须采用两条管道，管道直径

应大于 $30mm^2$ ，联网线按总线串联方式接入单元内，注意网络布线和其他交流电源（220V）线隔开 30cm 以上。网络总线布线示意图如图 6-35 所示。

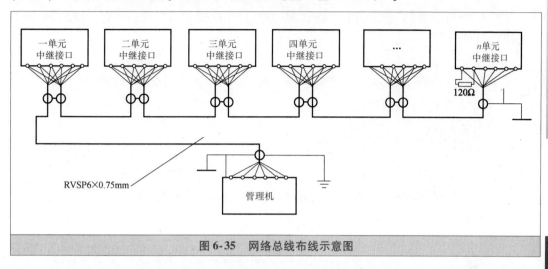

图 6-35 网络总线布线示意图

3. 某楼宇不可视对讲系统电气工程图识读

如图 6-36 所示是某楼宇的不可视对讲系统电气工程图。

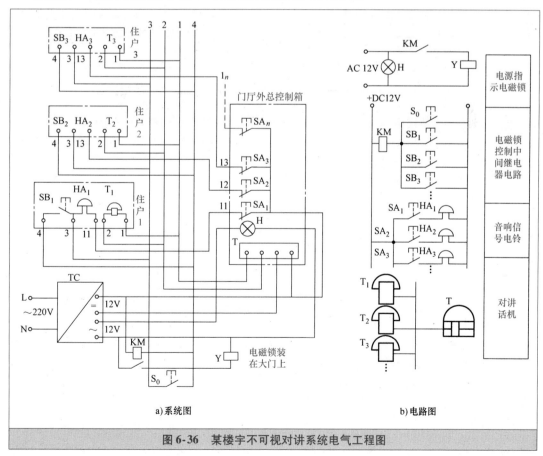

a) 系统图 b) 电路图

图 6-36 某楼宇不可视对讲系统电气工程图

该系统由电源部分、电磁锁电路、门铃电路和话机电路四个部分组成。

（1）电源部分

其输入为 AC 220V；输出两种电源，AC 12V 供给电磁锁和电源指示灯，DC 12V 供给声响门铃和对讲机。

（2）电磁锁电路

电磁锁 Y 由中间继电器 KM 控制，而中间继电器由各单元门户的按钮 SB_1、SB_2、SB_3……和锁上按钮 S_0 控制开启。

（3）门铃电路

各门户的门铃 HA 由门外控制箱上的按钮 SA_1、SA_2……控制。若防盗门采用单片机控制，就要在键盘上按入房门号码，例如访问 203 房间，就得依次按 2、0、3 号键，单片机输出口就输出一个高电位给 203 房门铃电路信号，使该门铃工作，发出响声。

（4）话机电路

门外的控制箱或按钮箱上的话机 T 与各房间的话机 T_1、T_2……相互构成回路，按下被访房间号码按钮之后，被访房间的话机与门外的话机就接通，实现了被访者与来访者的对话。

6.3 家庭安防系统图识读

6.3.1 家庭监控视频系统图

1. 家庭监控电视系统的构建

家庭监控电视系统由前端（小型半球摄像机）和后端（数字硬盘录像机）及传输线路三部分组成。一般使用四台摄像机即可，分别安装在客厅阳台、次卧室阳台、客厅、门厅。涉及个人隐私，不建议卧室安装摄像机，如图 6-37 所示。

（1）摄像机的选用

由于家庭夜间会熄灯，所以前端摄像机应选用红外彩色日夜型半球摄像机。夜间无光源的情况下摄像机红外灯将自动打开，保证录像信号的稳定。后端用 1 台 8 路数字硬盘录像机对摄像机视频信号进行控制管理。将数字硬盘录像机接入宽带网，可以实现远程监控。

如果采用网络摄像机，则在监控前端不需要计算机来配合就可通过因特网实现远程监控，不仅可以通过客户端软件查看，还可以直接通过 IE 来浏览。另外，大部分网络摄像机还支持移动侦测，录像，历史回放，抓拍等功能。

（2）录像机的选用

传统监控电视系统中使用磁带记录所发生的实时图像，但若一旦为犯罪分子所掌握，这就为犯罪分子销毁证据、替换或抹掉录像带内容等多项技术犯罪提供了机会，因为任何人员，只要能够接触到录像机就可以进行各种操作。而数字化监控电视系统中图像的播放是由计算机程序来控制，对图像存档、回放和状态设置等操作均有严格的密码控制，即使

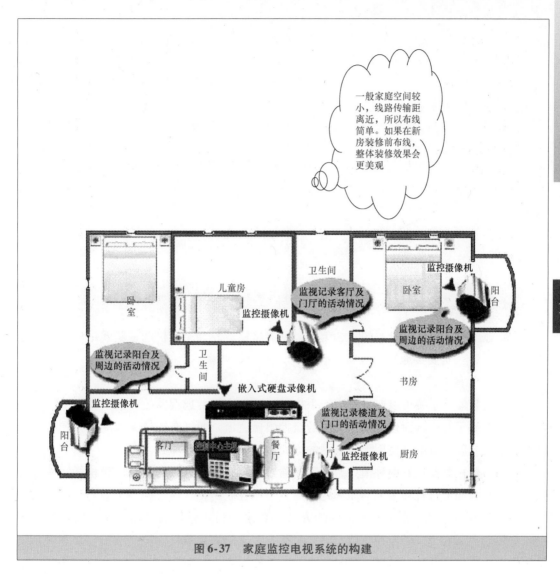

图6-37　家庭监控电视系统的构建

是操作人员，如果不知道密码或其密码的权限不包含有上述操作内容，就无法知道已录制图像的内容。另外，由于采用的是硬盘录像，不需要更换存储媒体，任何人都很难取走硬盘，或者取走也无法回放，保密性极强。

2. 家庭监控电视系统布线图

某家庭监控电视系统布线如图6-38所示，该家庭共安装4台摄像机。以安装客厅的监控主机为中心进行布线。

布线时，视频线采用75-5-2国标视频电缆，摄像机电源线采用$2 \times 1.5 mm^2$护套线。由于摄像机的电源线为低压直流电，因此可以将视频线和摄像机电源线穿入同一根电线管中敷设。如果是新房装修，可与室内其他弱电装置一起整体设计，确定最合理的线路路径。如果是在已经入住的房间安装，一般采用线路穿电线管明敷设，注意尽量兼顾不影响居室的装修效果。

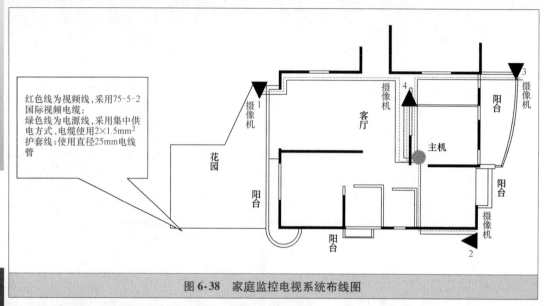

红色线为视频线，采用75-5-2国际视频电缆；
绿色线为电源线，采用集中供电方式，电缆使用2×1.5mm²护套线；使用直径25mm电线管

图 6-38　家庭监控电视系统布线图

实际施工时，摄像机电源的正、负极，不能接错。硬盘录像机的视频线、电源线、地线（很重要，一定要接地）应连接正确。

3. 手机视频监控系统

手机视频监控系统可以通过用户的手机随时随地来观看远程监控点的视频。手机视频监控系统是基于互联网而运行的，前端的监控摄像机端是通过有线或无线的方式连接到互联网，手机视频查看端是使用无线上网的方式实现。

目前手机视频监控有两种模式，一种是通过安置在特定地点的监控摄像机拍摄，并将拍摄的视频画面经过视频服务器压缩处理后上传至互联网，再通过网络传输到监控中心的视频监控服务器，然后使用手机上网的方式，登录到视频监控服务器，获得监控资源列表，最后选择所要观看的监控视频。另一种是点对点的直接连接。就是手机直接登录到网络摄像机或 DVR/DVS，直接读取网络摄像机的音视频，然后在手机端进行音视频的处理。

典型手机视频监控系统拓扑图如图 6-39 所示。

【知识窗】

智能小区安防系统的五道防线

第一道安全防线：由周界防范报警系统构成，以防范翻围墙和周边进入小区的非法入侵者。采用感应线缆或主动红外线对射器。

第二道安全防线：由小区监控系统构成，对出入小区和主要通道上的车辆、人员及重点设施进行监控管理。配合小区报警系统和周界防护系统对现场情况进行监控记录，提高报警响应效率。

第三道安全防线：由保安巡逻管理系统构成，通过住宅区保安人员对住宅区内可疑人员、事件进行监管。配合电子巡更系统，确保保安人员的巡逻到位，实现小区物业的严格管理。

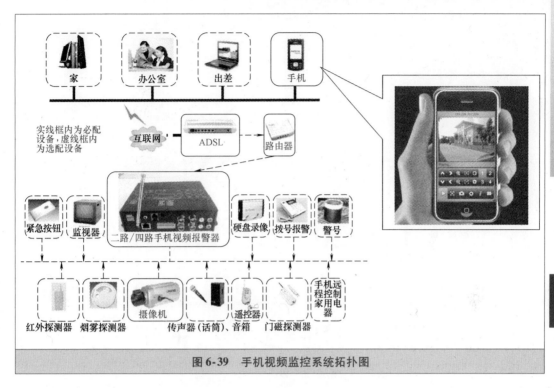

实线框内为必配设备，虚线框内为选配设备

图 6-39　手机视频监控系统拓扑图

第四道安全防线：由联网型楼宇可视对讲系统构成，可将闲杂人员拒之梯口外，防止外来人员四处流窜。

第五道安全防线：由家庭安防报警系统构成，这也是整个小区安全防范系统网络最重要的一环，也是最后一个环节。当有窃贼非法入侵住户家或发生如煤气泄漏、火灾、老人急病等紧急事件时，通过安装在户内的各种电子探测器自动报警，接警中心将在数十秒内获得警情消息，为此迅速派出保安或救护人员赶往住户现场进行处理。

6.3.2　家庭智能防盗报警系统图

1. 家庭"三防三保"的重点部位

我们把防火、防盗、防燃气泄漏，称为"家庭三防"；把保财、保物、保安全称为"家庭三保"。

如图 6-40 所示为某家庭三防三保重点部位示意图。通过分析，两个阳台和大门处于最容易受到入侵的位置；其次就是厨房、书房的窗户（由于书房和厨房在平时一般是无人状态，特别是晚上一般空置，容易成为窃贼的入口）；再次就是①主卧室、②儿童房和③卫生间。只要需要防范的区域心中有数了，就可以把防范区域的主次确定下来（图中按防范的主次表示入侵位置）。

2. 三防三保设备的配置

家庭中最容易被入侵的位置是：大门、阳台、窗户。因此，必须对这些部位进行重点防护，如图 6-41 所示。

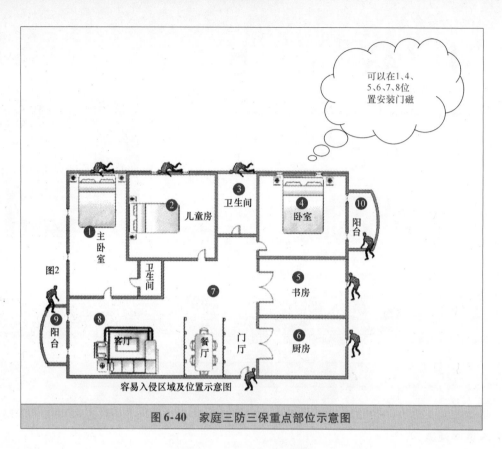

可以在1、4、5、6、7、8位置安装门磁

容易入侵区域及位置示意图

图6-40　家庭三防三保重点部位示意图

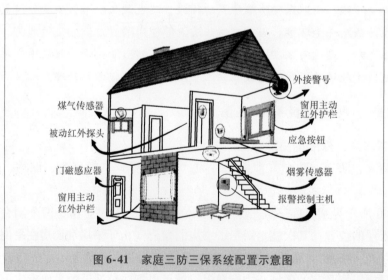

图6-41　家庭三防三保系统配置示意图

一般在每个主要房间或大厅中装一个红外探测器（注意对准小偷最可能经过的区域），次要房间如卫生间、厨房等，它们的窗户一般较小或只有一两扇，可考虑装门磁。若想晚上在家睡觉时也开启报警系统，则可考虑在卧室的窗前安装幕帘式红外探测器，或选购有"分区布防"功能的报警器。

为了达到家庭"三防三保"的目的,在不同部位可选配最合适的设备,见表6-11。常用防护设备的作用如图6-42所示。

表6-11 家庭"三防三保"设备选配

序 号	防护项目	设备选配
1	门的防护	可选用门磁、窗磁探测器;被动吸顶幕帘红外探测器;卷闸门探测器;振动传感探测器
2	窗的防护	可选用门磁、窗磁探测器;被动吸顶幕帘红外探测器;玻璃破碎探测器;振动传感探测器
3	阳台的防护	可选用被动吸顶幕帘红外探测器;主动红外对射防护栅栏
4	室内防护	可选用空间型被动红外探测器
5	室外防护	可选用室外空间型被动红外探测器;室外幕帘被动红外探测器;主动红外对射防护栅栏
6	围墙防护	可选用室外幕帘被动红外探测器;主动红外对射防护栅栏;主动红外对射探测器
7	安全防护	可选用煤气泄漏探测器;烟火探测器
8	人身防护	可选用紧急按钮
9	安全设定	可配置无线遥控器
10	阻吓盗贼	可选用高音警笛喇叭

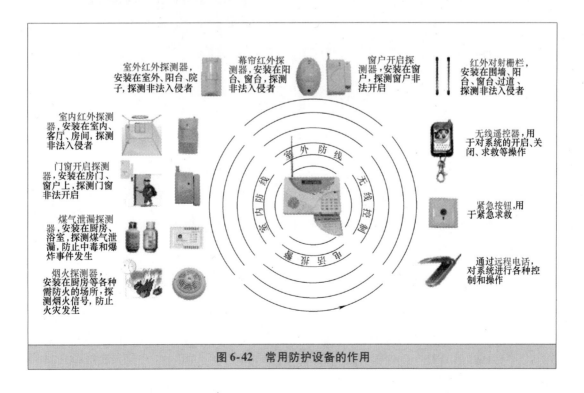

图6-42 常用防护设备的作用

3. 门磁及应用

无线门磁报警器是由无线发射模块和门磁开关两部分组成，如图 6-43 所示。

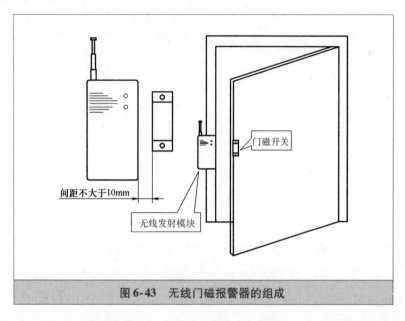

图 6-43　无线门磁报警器的组成

门磁开关由一个干簧管及磁条组成，如图 6-44 所示，只要磁条及干簧管离开距离 <20mm 之后，无线门磁传感器立即发射包含地址编码和自身识别码（也就是数据码）的高频无线电信号，接收板就是通过识别这个无线电信号的地址码来判断是否是同一个报警系统的，然后根据自身识别码（也就是数据码），确定是哪一个无线门磁报警。

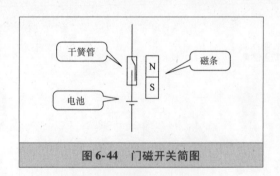

图 6-44　门磁开关简图

门磁可用来探测门、窗、抽屉等是否被非法打开或移动，发出警报信号。门磁报警器在家庭安防系统中的应用如图 6-45 所示。

6.3.3　物联网智能家庭控制系统图

1. 什么是物联网

物联网是通过射频识别（RFID）、红外感应器、全球定位系统、激光扫描器等信息传感设备，按约定的协议，把任何物体与互联网连接起来，进行信息交换和通信，以实现智能化识别、定位、跟踪、监控和管理的一种网络。

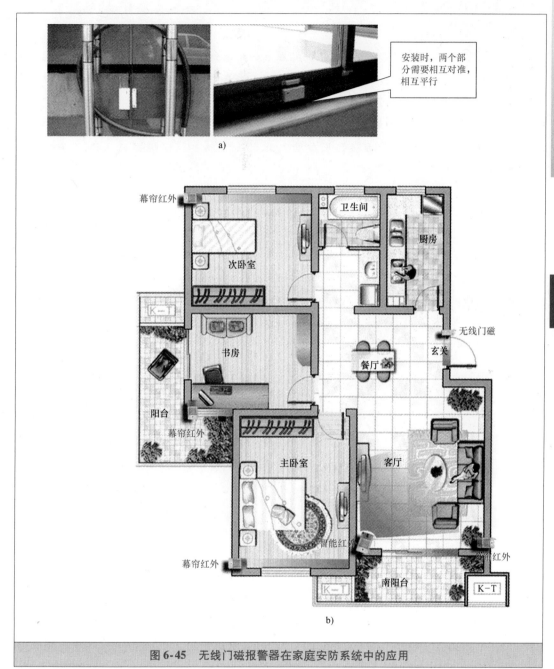

图 6-45　无线门磁报警器在家庭安防系统中的应用

2. 物联网智能家庭系统的组成

物联网智能家庭系统由家庭环境感知互动层、网络传输层和应用服务层组成。

1）家庭环境感知互动层：由带有有线或无线功能的各种传感器节点组成，主要实现家庭环境信息的采集、主人状态的获取以及访客身份特征的录入。

2）网络传输层：主要负责居家信息和主人控制信息的传输。

3）应用服务层：负责控制家居设施或应用服务接口。

【重要提醒】

门磁系统中门磁传感器就属于我们说的家庭环境感知互动层。一般歹徒从门进入住宅的方法有两种：一是偷到主人的钥匙，把门打开；二是借助工具把门撬开。不论歹徒是用何种方法进入，他都必须推开住宅门。一旦盗贼推开门，门与门框必将产生移位，门磁与磁体也同时产生位移，高频无线电信号即刻发射给主机，主机鸣响报警声并拨打6组预设的电话号码。从而为家居生活起到更加智能化的安全防护，保障家庭生活以及财产的安全。

3. 物联网在智能家庭中的应用

目前，物联网在智能家庭中常见的应用功能主要有情境控制、门禁系统、防盗监控系统、防灾系统，而新一代的研究着重于通信、信息、生活增值平台的整合与应用。物联网在智能家庭中的应用如图 6-46 所示。

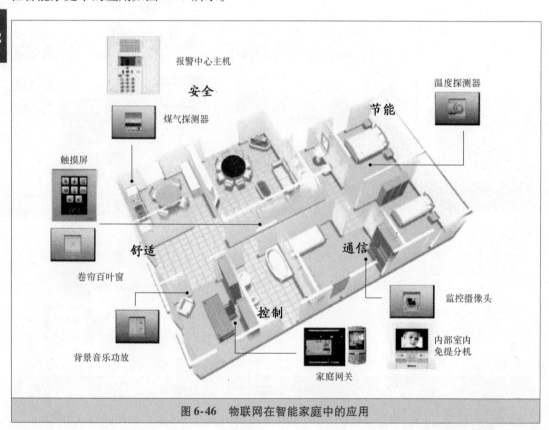

图 6-46　物联网在智能家庭中的应用

4. 家庭物联网数字通信系统

家庭物联网数字通信系统是将通信系统、安防系统、影像对讲系统、监视系统、数字控制系统、网络服务系统及 3G 手机等集成为一个系统。

家庭物联网数字通信系统可采用话机、手机、触摸屏、遥控器、互联网五种控制方式。用户可选择其中的一种或几种控制方式，如图 6-47 所示。

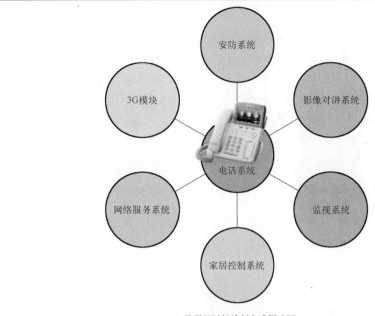

a) 物联网话机控制方式概略图

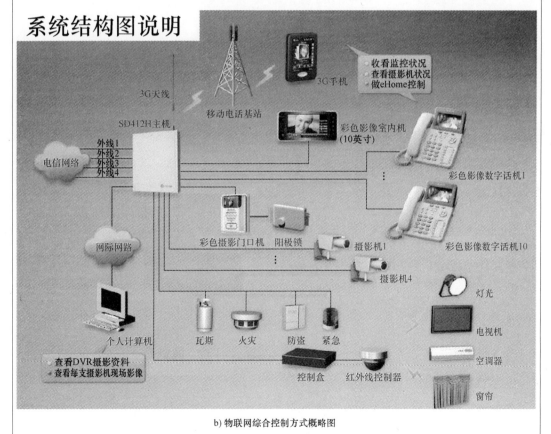

b) 物联网综合控制方式概略图

图 6-47　家庭物联网数字通信系统

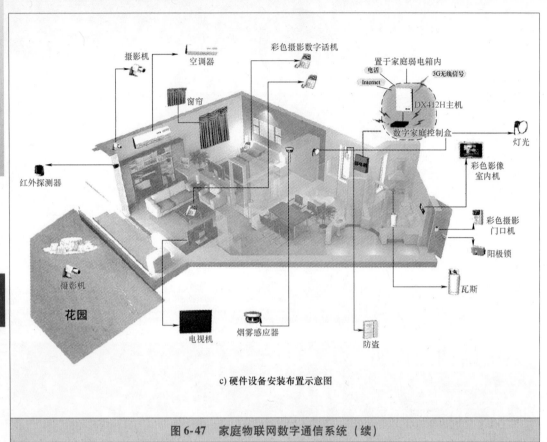

c) 硬件设备安装布置示意图

图 6-47 家庭物联网数字通信系统（续）

参 考 文 献

[1] 杨清德，先力. 电工识图直通车 [M]. 北京：电子工业出版社，2011.

[2] 杨清德，陈凤君. 学会电工识图就这么容易 [M]. 北京：化学工业出版社，2013.

[3] 杨清德. 手把手之电工识图 [M]. 北京：电子工业出版社，2013.

[4] 杨清德. 电工识图 400 问 [M]. 北京：科学出版社，2013.

[5] 杨清德. 零起步巧学电工识图 [M]. 2 版. 北京：中国电力出版社，2013.

[6] 杨清德. 图说电工识图入门 [M]. 北京：机械工业出版社，2011.

[7] 杨清德. 轻轻松松学电工识图篇 [M]. 北京：人民邮电出版社，2010.

机械工业出版社读者需求调查表

亲爱的读者朋友：

您好！为了提升我们图书出版工作的有效性，为您提供更好的图书产品和服务，我们进行此次关于读者需求的调研活动，恳请您在百忙之中予以协助，留下您宝贵的意见与建议！

个人信息

姓　　名：		出生年月：		学　　历：	
联系电话：		手　　机：		E-mail：	
工作单位：				职　　务：	
通讯地址：				邮　　编：	

1. 您感兴趣的科技类图书有哪些？

☐ 自动化技术　　☐ 电工技术　　☐ 电力技术　　☐ 电子技术　　☐ 仪器仪表　　☐ 建筑电气
☐ 其他（　　）

以上个大类中您最关心的细分技术（如 PLC）是：（　　　　　　）

2. 您关注的图书类型有

☐ 技术手册　　☐ 产品手册　　☐ 基础入门　　☐ 产品应用　　☐ 产品设计　　☐ 维修维护
☐ 技能培训　　☐ 技能技巧　　☐ 识图读图　　☐ 技术原理　　☐ 实操　　☐ 应用软件
☐ 其他（　　）

3. 您最喜欢的图书叙述形式

☐ 问答型　　☐ 论述型　　☐ 实例型　　☐ 图文对照　　☐ 图表　　☐ 其他（　　）

4. 您最喜欢的图书开本

☐ 口袋本　　☐ 32 开　　☐ B5　　☐ 16 开　　☐ 图册　　☐ 其他（　　）

5. 图书信息获得渠道：

☐ 图书征订单　　☐ 图书目录　　☐ 书店查询　　☐ 书店广告　　☐ 网络书店　　☐ 专业网站
☐ 专业杂志　　☐ 专业报纸　　☐ 专业会议　　☐ 朋友介绍　　☐ 其他（　　）

6. 主要购书途径

☐ 书店　　☐ 网络　　☐ 出版社　　☐ 单位集中采购　　☐ 其他（　　）

7. 您认为图书的合理价位是（元/册）：

手册（　　）图册（　　）技术应用（　　）技能培训（　　）基础入门（　　）其他（　　）

8. 每年购书费用

☐ 100 元以下　　☐ 101～200 元　　☐ 201～300 元　　☐ 300 元以上

9. 您是否有本专业的写作计划？

☐ 否　☐ 是（具体情况：　　　　　）

非常感谢您对我们的支持，如果您还有什么问题，欢迎和我们联系沟通！
地　　址：北京市西城区百万庄大街 22 号　机械工业出版社电工电子分社　邮编：100037
联系人：付承桂　联系电话：010-88379764　13581693166　传真：010-68326336